中国科普研究所
China Research Institute For Science Popularization

丛书主编／庞晓东　高宏斌

中国公民
科学素质报告

REPORT ON CHINA'S CIVIC SCIENTIFIC LITERACY
(THE FIFTH SERIES)

（第五辑）

任　磊　黄乐乐　胡俊平　主编

社会科学文献出版社
SOCIAL SCIENCES ACADEMIC PRESS (CHINA)

《中国公民科学素质报告》
编 写 组

丛书主编　庞晓东　高宏斌

本书主编　任　磊　黄乐乐　胡俊平

课题组成员　（以姓氏笔画为序）

马崑翔　王祯梅　王梦倩　冯婷婷　任　磊

汤溥泓　苏　虹　李　萌　李秀菊　杨建松

欧玄子　郏超超　胡俊平　高宏斌　唐德龙

黄乐乐　曹　金　董容容　蒋理慧

目 录 ▷

Ⅰ 总报告

第十二次中国公民科学素质抽样调查报告

………………… 高宏斌 任 磊 胡俊平 李秀菊 黄乐乐

曹 金 蒋理慧 王祯梅 冯婷婷 / 001

一 优化完善新时代公民科学素质测评体系 ……………………… / 003

二 第十二次中国公民科学素质调查概况 …………………………… / 010

三 第十二次中国公民科学素质调查主要结果 ……………………… / 015

Ⅱ 专题报告

我国教师科学素质调查报告

………………… 李 萌 杨建松 李秀菊 王梦倩 郏超超 / 125

产业工人科学素质发展状况分析

………………… 苏 虹 任 磊 冯婷婷 马崑翔 董容容 / 143

全面深化改革背景下农民科学素质建设路径与机制研究

………………… 汤溥泓 李 萌 黄乐乐 董容容 / 180

老年人科学素质发展现状及特点分析

　　………………………… 黄乐乐　胡俊平　马崑翔　欧玄子　汤溥泓／198

领导干部和公务员科学素质发展状况与特征分析

　　………………………… 任　磊　曹　金　唐德龙　冯婷婷　杨建松／215

第十二次中国公民科学素质
抽样调查报告

高宏斌　任磊　胡俊平　李秀菊　黄乐乐　曹金　蒋理慧　王祯梅　冯婷婷＊

摘　要： 　科学素质是公民素质的主要构成和人的全面发展的重要体现，也是经济发展和社会文明进步的重要成果。而科学素质作为人力资本和科技人力资源的重要基础，为推动经济持续增长提供要素支撑，科学素质提升与经济社会发展在宏观层面互为促进、高度关联。本报告基于 2022 年第十二次中国公民科学素质抽样调查，全面反映我国公民科学素质发展状况与趋势。结果表明，我国公民的科学素质水平持续快速提升，2022 年公民具备

＊ 高宏斌，中国科普研究所研究员，研究方向为科学素质、科普战略、科学教育、科普历史等；任磊，中国科普研究所副研究员，研究方向为公民科学素质监测评估理论与实践等；胡俊平，中国科普研究所研究员，研究方向为数字素养评价、科普信息化、科技传播；李秀菊，中国科普研究所研究员，研究方向为科学教育等；黄乐乐，中国科普研究所副研究员，研究方向为公民科学素质监测评估理论与实践等；曹金，中国科普研究所助理研究员，研究方向为科学素质、数字素养与技能监测评估；蒋理慧，清华大学博士后，研究方向为数字社会学等；王祯梅，中国科普研究所科研助理，研究方向为公民科学素质测评、社科与人文科学知识对科学素质的影响、人才成长生态学、中医药科普；冯婷婷，中国科普研究所科研助理，研究方向为公民科学素质监测评估理论与实践等。

科学素质的比例达到 12.93%。从区域来看，我国超 2/3 的省份公民科学素质水平超过 10%，标志着我国公民科学素质整体跃升，科技创新人力资源基础进一步夯实；珠三角、长三角和京津冀三大区域公民科学素质水平呈现领跑态势，东部地区、中部地区、西部地区公民科学素质水平呈梯次递减。我国公民对科技发展信息的感兴趣程度较高，了解相关科技发展信息的最主要原因是家庭和工作需要，互联网已成为信息时代我国公民获取科技信息的首要渠道，其中，微信、QQ、微博等社交平台是主要渠道。总体上看，我国公民崇尚科学、理性求实、支持创新，理性思维和科学意识进一步增强。

关键词： 科学素质　公民科学素质测评　中国公民科学素质抽样调查

　　2021 年 6 月，国务院印发《全民科学素质行动规划纲要（2021—2035 年）》（以下简称《科学素质纲要》）[①]，对公民科学素质概念进行修订，对"四科"表述顺序做了调整，将科学精神前置，突出强调崇尚科学精神的重要性，明确要求提高公民应用科学解决实际问题的能力。[②] 随着社会发展和人民科普需求的变化，科普的内容结构也不断发展和变化，我国科学素质建设进入从"知识补课"转向"价值引领"的新阶段。按照"依据科学素质定义，契合'知信行'理论，对标国际测评标准，确保国际可比和历史可比"的指导原则，优化完善公民科学素质测评指标，在此基础上开展 2022 年第十二次中国公民科学素质抽样调查。

[①] 《国务院关于印发全民科学素质行动规划纲要（2021—2035 年）的通知》，http://www.gov.cn/zhengce/content/2021-06/25/content_ 5620813.htm，2021 年 6 月 25 日。
[②] 高宏斌：《〈科学素质纲要（2021—2035 年）〉前言、指导思想和原则的解读》，《科普研究》2021 年第 4 期。

一 优化完善新时代公民科学素质测评体系

（一）科学素质定义及内涵的发展

自美国教育家科南特（J. B. Conant）1952 年首次提出科学素质的概念，1957 年美国对其本国公民进行科学素质测评以来，科学素质的概念和内涵发生重要的演进和变革。比较有代表性的概念包括：Shen 把科学素质区分为三类功能，实用的（practical）、社会生活的（civic）和文化的（cultural）。这三类并不互斥，但在目标、对象和内容、方式与普及方法上各有特色。实用科学素质，指一个人用科学知识和技能解决生活中遇到的实际问题的能力，如消费者的自我保护；社会生活方面的科学素质，旨在促进公民对科学与科学相关议题的关注和了解，以便让公众参与到社会生活的相关决策中，包括健康、能源、食品、环境等方面的公共政策；而文化方面的科学素质，指人们对于科学作为一种人类文化活动的理解和认同。

20 世纪 90 年代初，Shamos 将科学素质划分为三个层次，认为科学素质包括文化性的（cultural scientific literacy）、功能性的（functional scientific literacy）和真正的科学素质（true scientific literacy）。其中，文化性的科学素质是基础，包括对基本科学词汇的理解等；功能性的科学素质是在文化科学素质的基础上强调实际的运用；真正的科学素质是最高层次的科学素质，它不仅包含高度专业化的科学知识及其运用，而且要求对科学的发展概念，以及科学本质有着较为深刻的理解。

美国科学促进会（AAAS）在 2061 计划（Project 2061）中提出，一个有科学素质的人要"知道科学、数学和技术是相互联系的人类智慧的创造物，伟大但仍有局限；明白科学中的一些关键性概念和原理；对世界和自然有所了解，并认识到世界的多样性和统一性；在个人和社会生活中能运用科学知识和科学的思考方式"。

经济合作与发展组织（OECD）在国际学生评估项目（PISA2025）中提

出，青少年科学素养是一种能力，即"作为一个公民，参与科学相关议题和开展科学思考的能力，并将其用于知情决策"。在国际成人技能调查（PIAAC）中其提出，科学素质是运用科学知识，确定问题和作出具有证据的结论，以便对自然世界和通过人类活动对自然世界的改变进行理解和作出决定的能力。总的来看，人们对于科学素质内涵的认识与理解经历了一个由单一到多维、由静态到动态、由内容到情境的发展过程。

在科学素质测评方面，美国学者米勒（Jon D. Miller）将科学素质解构成三个测试维度，即"理解基本科学词汇及概念、理解科学探究的本质与过程、理解科学技术与社会的关系"。在此基础上，1988 年美英合作对 18～69 岁劳动人口开展问卷抽样调查，评估两国公民科学素质水平。调查中双方使用科学知识量表（Factual Knowledge Scale，FKS），其总分 100 分，以 70 分为具备科学素质的判定标准，利用具备科学素质人口数除以公民总体人口数计算公民具备科学素质比例，表示公民科学素质水平。其后，美国、英国、欧盟、日本等 40 余个国家和地区使用该量表开展调查并进行国际比较。

我国《科学素质纲要》提出"科学素质是国民素质的重要组成部分，是社会文明进步的基础。公民具备科学素质是指崇尚科学精神，树立科学思想，掌握基本科学方法，了解必要科技知识，并具有应用其分析判断事物和解决实际问题的能力"。

（二）公民具备科学素质比例是一项基础科技指标

党的十八大以来，以习近平同志为核心的党中央高度重视科普和科学素质建设工作。习近平总书记多次作出重要指示批示，在 2016 年 5 月召开的"科技三会"上进一步强调，"科技创新、科学普及是实现创新发展的两翼，要把科学普及放在与科技创新同等重要的位置。没有全民科学素质的普遍提高，就难以建立起宏大的高素质创新大军，难以实现科技成果快速转化"，这一重要论述深刻阐释了提升公民科学素质的重要意义。

"十四五"以来，2022 年 9 月中共中央办公厅、国务院办公厅印发的

《关于新时代进一步加强科学技术普及工作的意见》；2021年6月国务院发布的《科学素质纲要》，均提出我国具备公民科学素质的比例到2025年超过15%，到2035年达到25%的发展目标，为进一步实现高水平科技自立自强、建设世界科技强国奠定坚实基础。自2022年起，公民具备科学素质的比例被纳入国民经济和社会发展统计公报，反映我国科学技术发展状况。

国际上，美国、日本、欧盟等创新型国家和地区将公民具备科学素质比例作为一项基础科技指标，连续多年开展科学素质测评工作，并将相关结果纳入科技统计指标，我国历次调查结果均收录在《中国科学技术指标》（黄皮书）中。

（三）构建新时代科学素质测评指标

国际素养测评领域普遍采用的"知信行"理论，将人类行为的改变分为获取知识（knowledge）、产生信念（attitude）和形成行为（practice）三个连续过程，是解释个人知识和信念如何影响行为的最常用模式，其初始和改进模型被广泛应用于认知研究和测评研究。《科学素质纲要》明确指出，"公民具备科学素质是指崇尚科学精神，树立科学思想，掌握基本科学方法，了解必要科技知识，并具有应用其分析判断事物和解决实际问题的能力"，特别强调弘扬科学精神的重要性，并对数字时代背景下信息辨别能力提出明确要求。根据"知信行"理论，按照我国对公民具备科学素质的要求，我国公民科学素质测评框架在以往"知识+能力"的基础上，增加了科学精神和思想的测评维度，构建形成"知识+方法+精神与思想+能力"的科学素质测评指标体系。

1. 测评点和测评要求

在"科学知识""科学方法""科学精神与思想"部分，参考国际测评标准，以国内初中课标为基准，进行内容范围的划定和水平要求的判定（见表1）。

表 1　科学素质测评指标体系

一级指标	优化升级后二级指标	优化升级后三级指标	三级指标	二级指标	一级指标
新体系	科学知识	基本的科学知识	内容性知识	知识量表	原体系
	科学方法	基本的探究方法	过程性知识		
		科学研究的一般过程	认知性知识		
	解决问题的能力	基本生活技能	生活能力	能力量表	
			信息辨别能力		
		基本生产技能	生产能力		
			参与科学的能力		
		解决复杂问题的能力	科学决策的能力		
	科学精神与思想	科学本质观	对科学的总体态度	科技对个人和社会的影响	
		科学精神	对科技创新的态度		
			对科学家的看法和态度		
		科学发展的理念	对伪科学的认识和判断		

在"解决问题的能力"部分，参考国际测评标准，以国内高中课标为基准，进行内容范围的划定和水平要求的判定。

这样设计的主要考虑因素有三个。一是根据专家建议，科学素质是公民的基本素质，知识水平要求不宜过高。二是国际测评中知识量表多以初中水平为基准，比如 PISA 测试标准为 15 岁青少年水平（初中三年级），TIMSS 测试标准为 8 年级水平，中美欧现行公民科学素质测评中普遍采用的科学知识量表（FKS）也是初中科学水平，本次优化升级后"科学知识""科学方法"的测评难度要求与历次调查持平。三是根据我国的发展情况，能力水平要求不宜太低，要体现一定的前瞻性。依据第七次全国人口普查（以下简称"七普"）结果，2020 年我国劳动年龄人口平均受教育年限为 10.8 年，意味着我国劳动年龄人口平均受教育程度达到高中一年级水平；到 2025 年劳动年龄人口平均受教育年限将达到 11.3 年，基本达到高中毕业水平；当前新增劳动力平均受教育年限已经达到 13.8 年，相当于已进入高等教育阶段。

因此，将初中课标作为"科学知识""科学方法""科学精神与思想"

的基准，将高中课标作为"解决问题的能力"的基准，提取其中与新体系相关的表述，整理形成公民科学素质测评点和测评要求。

2. 引入情境测试题

在问卷中设计特定情境开展测评是国际上素质测评的重要手段。调查采用国际常用的组题方式，从数字社会、健康与安全、社会参与和终身学习四个方面设计情境，每个情境组题包含多个对应场景，综合考察受访者的知识、方法、精神与思想和能力表达，更有效地解决科学素质"怎么测"的问题。

（1）情境题的引入和开发

研究表明，科学素质通常与具体的活动、相关的情境紧密交织在一起，只有在有意义的问题情境中对已经学过的知识进行整合并加以调动的时候，能力测评才能达到更好的效度。因此，国内外科学素质领域也十分强调在情境中解决问题的能力。

新体系注重在生产、生活、学习中的公民科学素质表达，参考欧盟核心素养框架，梳理我国公民在当前及未来发展中可能涉及的各类问题，设立"数字社会、健康与安全、社会参与、终身学习"四个主题情境，按照"时代背景—主题情境—具体场景—能力测评"细化情境，与新体系中"科学知识、科学方法、解决问题的能力、科学精神与思想"四个维度建立测评点与指标的双向细目表，进而实现对新时代公民综合能力的有效评价。

（2）情境题的使用

在组卷策略的指导下，根据新体系的框架划分和各部分的指标权重分配，将情境题有机融入科学素质测试问卷中。受访者答题时，通过后台自动判定人群归属并跳转至相应情境题，而特定场景能够更好地衔接纲要中重点人群的科学素质要求。情境题的引入，能够综合评价不同受访者在多个场景下不同维度、不同程度的能力表现，从而有效提高测评效度。

3. 制定测评组卷策略

在组卷策略方面，按照科学素质的知识、方法、精神与思想、能力框架，丰富完善并形成包括二、三级指标的测评指标体系，赋予指标权重，依托研究开发的科学素质测评题库，制定组卷策略，探索最优的结构效度和效标效度，生成上万套针对不同人群的等值问卷组合，有效防止对测评工作的非正常干预，进一步提高调查的客观性和有效性。

4. 依照国际先进测评理论升级测评体系

在长期实践探索的基础上，新时代公民科学素质测评体系从测评框架构建、测评题目开发、线上线下样本融合加权、质控标准等核心层面进行了优化升级，建立了一套既符合中国国情又与国际大型调查保持一致的科学素质测评体系。

（1）依照项目反应理论强化测评试题针对性

项目反应理论（IRT）是现代心理测量的基础理论，广泛应用于心理和教育领域测量，实现不同题目之间的等值转化，国际大型测评如托福、GRE、PISA 等均采用此理论开展不同人群的能力测评。根据《科学素质纲要》开展青少年、农民、产业工人、老年人和领导干部与公务员等人群科学素质提升行动部署，针对不同人群的科学素质建设提出相应要求，为测试不同人群科学素质发展水平，中国科协所属中国科普研究所应用项目反应理论改进优化我国公民科学素质测评体系，编制多套等值测评母卷，构建大型题库，开发自适应问卷组合技术，开展重点人群分类测评，实现用一套组合标尺评价各类人群的科学素质。

（2）采用专业的抽样和加权技术方法提高样本代表性

在样本抽取方面，采用反映区域、城乡、人口等因素的抽样设计，将全国32 个省级行政单位划分为直辖市、一般省份、新疆生产建设兵团三类地区，分别设计抽样方案，充分反映区域特征；在样本的城乡分配方面，按照各地市的城市化率分配城镇和农村样本数量，准确反映城乡人口分布情况；在样本赋权方面，采用实地入户调查与网络样本推送相结合的方式获取调查数据，依照第七次全国人口普查结果，参考样本的城乡、性别、年龄和受教育程度等人口特征进行融合加权，确保样本加权后与全国、各省份及各地市级单位的实际人口情况相匹配。分级分类的抽样设计、依照城镇化率的样本城乡分配和参考多方面人口特征的样本融合加权等技术方法的使用，有效提高了调查样本的代表性。

（3）采用线上线下样本融合加权方式解决入户难问题

为解决传统入户调查入户难、人户分离等问题，自 2020 年开始，我国公民科学素质调查将以往完全依赖实地入户访问获取调查数据的方式，转换为实地入户访问与网络推送问卷相结合的方式。为了解决实地入户访问样本和网络推送样本来源不同，代表性有差异等因素带来的样本融合难题，中国科普研究所与国家统计局统计科学研究所联合攻关，经过多轮试验验证，最终采用逆概率倾向值匹配加权的统计学前沿理论，将实地入户访问样本与网络推送样本融合加权，确保融合后的总体样本与全国、各省份及各地市级单位的实际人口情况相匹配，有效解决实地入户访问、不同来源样本融合等实践难题。

（4）建立全流程质量控制体系确保调查真实客观

质量控制是调查工作的生命线。通过建立"三级、三方、多维、全流程"质量控制体系，我国公民科学素质调查工作由各省专业调查队伍负责执行，地市级设有督导员、省级设有总督导和审核员、国家统计局社情民意调查中心设有回访员和审核员等负责调查质量审核与督导工作；在调查委托方、执行方开展质量控制的基础上，引入第三方质量控制团队，进行问卷和数据质量全面检查；质量检查的内容包括培训质量、抽样过程、入户接触信息、问卷完整性，以及调查过程中产生的录音文件、图像文件、数据文件、GPS信息等多维度；质量控制涵盖调查问卷设计、调查培训、调查实施、调查结果统计分析等调查工作全流程。全流程质量控制体系确保调查过程真实完整、调查结果真实有效。

（5）自主研发数据采集与管理系统实现调查全流程管控

中国科普研究所自主研发科学素质调查数据采集与管理系统，由前端数据采集平台和后端管理平台组成，将调查所有业务模块化并整合至统一平台。在数据采集环节，入户调查进行结构和非结构数据采集，网络调查进行多渠道的问卷分发、跟踪和数据采集，实现调查实施、质量控制、进度管理、统计报表的全功能整合和全流程管控，全面提高工作效率。

5.我国公民科学素质调查的主要发展阶段

我国从1992年开始，由中国科协组织开展全国公民科学素质调查工作，在积极借鉴国际经验的基础上，以问卷抽样调查的方式进行测评，采用公民具备科学素质的比例作为科学素质发展状况的表征指标。截至 2023 年，已经完成十三次全国范围的公民科学素质调查，历次调查都是在报经国家统计局批准后实施的，都向国务院报告调查结果，得到各级政府、各有关方面的关注和重视。我国公民科学素质测评体系经历了三个发展阶段。

第一阶段：公民科学素质测评的引进和吸收阶段。涵盖 1992~2005 年六次中国公民科学素质调查，调查的指标体系和问卷结构与国际调查基本一致。

第二阶段：公民科学素质测评的中国化发展阶段，服务于《全民科学素质行动计划纲要（2006—2010—2020 年）》（以下简称《科学素质计划纲要》）的监测评估。涵盖 2007~2020 年五次调查，公民科学素质测评以纲要界定的科学素质"四科两能力"为导向，开发一系列本土题目，并与国际可比题目相结合，逐步发展和完善基于"知识"和"能力"两个核心维度的测评体系，前两个发展阶段主要体现为公民科学素质测评体系的中国化过程。

第三阶段：公民科学素质测评的时代化发展阶段，根据《科学素质纲要》提出新时期公民科学素质的定义和内涵，参考科学素质测评基础理论、发展趋势，结合我国国情，对测评体系进行优化完善，形成由科学知识、科学方法、科学精神与思想、解决问题的能力 4 个二级指标（权重分别为40%、20%、20%、20%）和 20 个三级指标组成的指标体系，并通过完善的组卷策略，在 10 套母卷的基础上生成上万套等值问卷，实现测评体系在理论构建和测度方法上的优化完善，保证调查结果国际可比、历史可比。

二 第十二次中国公民科学素质调查概况

为深入贯彻党的二十大精神，落实《关于新时代进一步加强科学技术普及工作的意见》[①]（以下简称《意见》）和《科学素质纲要》相关部署，

[①] 《中共中央办公厅 国务院办公厅印发〈关于新时代进一步加强科学技术普及工作的意见〉》，https://www.most.gov.cn/xxgk/xinxifenlei/fdzdgknr/fgzc/gfxwj/gfxwj2022/202209/t20220905182273.html，2022 年 9 月 5 日。

加强国家科普能力建设①，深入实施全民科学素质提升行动②，中国科协与国家统计局合作开展第十二次中国公民科学素质抽样调查（以下简称"本次调查"）。本次调查是我国进入"十四五"以来，也是《科学素质纲要》实施之后开展的首次大规模科学素质调查，全面测算了我国公民科学素质的基本情况，获得大量数据资源，对掌握科学素质建设情况，实现到2025年我国公民具备科学素质比例超过15%的战略目标具有重要的参考价值，也对将调查结果纳入国民经济和社会发展统计公报，进一步促进科学素质建设工作具有重要意义。

（一）公民科学素质测评指标体系

本次调查内容主要包括：公民的科学素质状况及其影响因素。科学素质状况包括科学精神与思想、科学知识、科学方法、应用科学的能力四个维度。影响因素包括受访者背景情况，对科技的兴趣、需求和态度，获取科技信息的途径和参与科普的情况等方面，详见表2。

表2　第十二次中国公民科学素质抽样调查指标体系

一级指标	二级指标	三级指标
一、科学素质	1. 科学精神与思想	（1）科学精神
		（2）科学本质观
		（3）科学发展的理念
	2. 科学知识	（4）数学与信息
		（5）物质与能量
		（6）生命与健康
		（7）地球与环境
		（8）工程与技术

① 习近平：《高举中国特色社会主义伟大旗帜 为全面建设社会主义现代化国家而团结奋斗——在中国共产党第二十次全国代表大会上的报告》，人民出版社，2022。
② 《习近平主持中共中央政治局第三次集体学习并发表重要讲话》，http://www.gov.cn/xinwen/2023-02/22/content_ 5742718.htm，2023年2月22日。

续表

一级指标	二级指标	三级指标
一、科学素质	3. 科学方法	(9)观察
		(10)对比
		(11)测量
		(12)分类
		(13)实验
		(14)归纳
		(15)演绎
		(16)建模
		(17)理想化方法
	4. 应用科学的能力	(18)基本生产技能
		(19)基本生活技能
		(20)解决复杂问题能力
二、兴趣、需求和态度	5. 对科技信息的兴趣与需求	(21)对科技信息感兴趣程度
		(22)了解科技信息的原因
	6. 对科学技术的态度	(23)对科学技术的态度和看法
		(24)对科技创新的态度和看法
三、途径和参与	7. 获取科技信息的途径	(25)纸质媒体
		(26)影视媒体
		(27)声音媒体
		(28)互联网及移动互联网
		(29)亲友同事
	8. 利用互联网的情况	(30)社交平台
		(31)搜索引擎
		(32)专业平台及网站
		(33)短视频平台
	9. 参观科普设施的情况	(34)动物园、水族馆、植物园
		(35)科技馆等科技类场馆
		(36)自然历史博物馆
		(37)公共图书馆
		(38)文化馆、文化中心
		(39)流动科技场馆
		(40)科普画廊、科普活动室等社区基础科普设施
		(41)高校、科研院所实验室

（二）科学素质判定标准

对照国际通行的测评标准，我国针对 18~69 岁公民开展科学素质测评，调查问卷中科学素质状况方面四个维度的权重分别为 40%、20%、20%、20%，总分为 100 分，当总得分超过 70 分即判定为具备科学素质。一个国家公民科学素质水平用具备科学素质公民占 18~69 岁总人口的百分比表示。

（三）调查样本

本次调查对象为 18~69 岁公民，采用抽样入户面访与配额线上样本推送相结合的方式开展调查。委托国家统计局统计科学研究所进行抽样设计，以 2020 年第七次全国人口普查数据为抽样框，设计线上线下总样本量为 28.3 万个，详见表 3。样本覆盖中国大陆 31 个省（自治区、直辖市）及新疆生产建设兵团和所辖 333 个地级行政区及直辖市的 86 个区县，以各省为总体、所辖地市级单位为子总体进行抽样，在各子总体内部采取分层多阶段系统 PPS 抽样，省级总体抽样绝对误差控制在 3% 以内。线上调查采取预置人口结构配额的非概率样本进行补充。[1]

表 3　第十二次中国公民科学素质抽样调查样本量及样本分布

单位：个，%

省级与总体	地市层数	线下样本	线上样本	合计	样本分布
北　京	16	8000	8000	16000	5.65
天　津	16	8000	8000	16000	5.65
上　海	16	8000	8000	16000	5.65
重　庆	38	12300	12300	24600	8.69
河　北	11	3400	3400	6800	2.40
山　西	11	3400	3400	6800	2.40
内蒙古	12	3700	3700	7400	2.61
辽　宁	14	4400	4400	8800	3.11

[1]　金勇进、刘展：《大数据背景下非概率抽样的统计推断问题》，《统计研究》2016 年第 3 期。

续表

省级与总体	地市层数	线下样本	线上样本	合计	样本分布
吉　林	9	2800	2800	5600	1.98
黑龙江	13	4000	4000	8000	2.83
江　苏	13	4000	4000	8000	2.83
浙　江	11	3500	3500	7000	2.47
安　徽	16	4900	4900	9800	3.46
福　建	9	2900	2900	5800	2.05
江　西	11	3400	3400	6800	2.40
山　东	16	5000	5000	10000	3.53
河　南	18	5500	5500	11000	3.89
湖　北	14	4300	4300	8600	3.04
湖　南	14	4300	4300	8600	3.04
广　东	21	6500	6500	13000	4.59
广　西	14	4300	4300	8600	3.04
海　南	2	1600	1600	3200	1.13
四　川	21	6400	6400	12800	4.52
贵　州	9	2800	2800	5600	1.98
云　南	16	4900	4900	9800	3.46
西　藏	7	2200	2200	4400	1.55
陕　西	10	3100	3100	6200	2.19
甘　肃	14	4300	4300	8600	3.04
青　海	8	2500	2500	5000	1.77
宁　夏	5	1600	1600	3200	1.13
新　疆	14	4300	4300	8600	3.04
兵　团	—	1200	1200	2400	0.85
合　计	419	141500	141500	283000	100

　　线下样本采用多变量事后分层加权（Post-Stratification Weighted），人口加权信息包括城乡、性别、年龄和受教育程度。线上非概率样本在倾向得分计算的基础上，对线上线下样本进行融合加权计算，样本分布及加权分布详见表3。调查结果反映全国、31个省（自治区、直辖市）及新疆生产建设兵团和419个地市级单位的公民科学素质发展状况。

（四）调查执行情况

本次调查经国家统计局批准（国统制〔2022〕102号），调查方案由国家统计局统计科学研究所、国家统计局社情民意调查中心和中国科普研究所联合设计，调查执行由国家统计局社情民意调查中心负责。按照调查质量控制规范和抽样设计方案完成入户面访和网络调查，同步开展调查过程质量控制和调查数据资料回收及审核等工作。为集中力量高质量开展调查，国家统计局办公室向全国民调系统印发《关于开展中国公民科学素质统计调查的通知》（国统办函〔2022〕331号），对调查组织实施、数据质量保障等提出明确要求。

调查实施与质量控制方面，由中国科普研究所会同国家统计局社情民意调查中心及第三方质控专业团队，认真谋划、精心组织、严格执行、严控质量、精细计算，经各方不懈努力，共计回收线下有效样本12.6万个，线上有效样本15.4万个，达到设计要求。

三　第十二次中国公民科学素质调查主要结果

本次调查获得我国和各地区公民科学素质发展状况、公民获取科技信息和参与科普的情况，以及公民对科学技术的兴趣、需求和态度等方面的翔实数据。结果表明，我国公民的科学素质水平持续快速提升，2022年公民具备科学素质的比例达到12.93%，较2020年的10.56%提高2.37个百分点。[1]从区域来看，我国超2/3的省份公民科学素质水平超过10%，标志着我国公民科学素质整体跃升，科技创新人力资源基础进一步夯实；珠三角、长三角和京津冀三大区域公民科学素质水平呈现领跑态势，东部地区、中部地区、西部地区公民科学素质水平呈梯次递减，中、西部地区公民科学素质发展不平衡情况有所缓解。从不同人群看，男性科学素质水平相对较高，女

---

[1] 何薇、张超、任磊、黄乐乐：《中国公民的科学素质及对科学技术的态度——2020年中国公民科学素质抽样调查报告》，《科普研究》2021年第2期。

性科学素质水平提升较快，男女性别差首次缩小；公民科学素质水平呈现随年龄段的增加而降低的态势；公民科学素质水平随受教育程度的提高呈陡升式阶梯分布。我国公民对科技发展信息的感兴趣程度较高，了解相关科技发展信息的最主要原因是家庭和工作需要，互联网已成为信息时代我国公民获取科技信息的首要渠道，其中，微信、QQ、微博等社交平台是获取网络科技信息的首要渠道。总体上看，我国公民崇尚科学、理性求实、支持创新，理性思维和科学意识进一步增强。

（一）我国公民科学素质发展状况

1. 我国公民科学素质水平快速提升，朝着"十四五"发展目标顺利迈进

我国公民科学素质水平保持快速提升的良好势头，朝着"十四五"发展目标顺利迈进。2022 年我国公民具备科学素质的比例达到 12.93%，比 2020 年的 10.56% 提高 2.37 个百分点，比 2018 年的 8.47% 提高 4.46 个百分点（见图 1），为实现《科学素质纲要》中提出的 2025 年我国公民具备科学素质比例达到 15% 的目标奠定坚实基础。我国公民科学素质水平的持续快速提升，为我国进入创新型国家行列奠定坚实的人才支撑和人力资源基础。

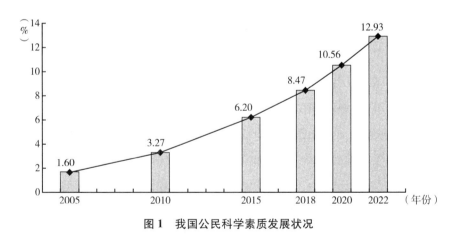

图 1　我国公民科学素质发展状况

2. 不同区域公民科学素质发展情况

不同区域的公民科学素质发展呈现与其经济社会发展水平相匹配的特征。

以我国东、中、西部地区划分来看，东部地区公民科学素质（15.31%）领先发展，超过我国公民科学素质总体水平，中部地区（11.97%）和西部地区（10.27%）公民科学素质水平超过10%。与2020年相比，我国东、中、西部地区公民科学素质水平均有较大提升，分别提升2.04个、1.84个和1.83个百分点（见图2）。

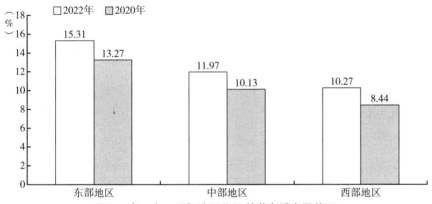

图2　东、中、西部地区公民科学素质发展状况

京津冀、长三角和珠三角三大城市群的公民科学素质水平处于我国区域发展的领先地位。与2020年相比，京津冀城市群（16.23%）、长三角城市群（16.28%）和珠三角城市群（17.13%）的公民科学素质水平均有大幅提升，分别提升1.99个、0.74个和1.92个百分点（见图3）。

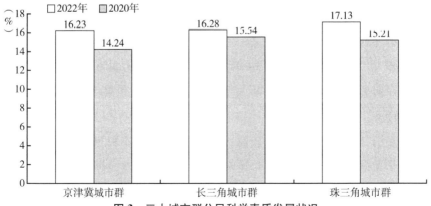

图3　三大城市群公民科学素质发展状况

3. 不同群体科学素质发展情况

与 2020 年相比，各类群体科学素质水平快速提升的同时，农村居民科学素质水平提升幅度相对较大，女性公民科学素质水平提升较快，性别差明显缩小，中低学历人群科学素质明显改善，各群体科学素质发展更加均衡。

公民科学素质的城乡不平衡状况进一步缓解，城乡居民的科学素质水平均有明显提升，农村居民的科学素质增速高于城镇居民。2022 年城镇居民和农村居民具备科学素质的比例分别达到 15.94% 和 7.96%，较 2020 年的增速分别为 15.93% 和 23.41%（见图 4）。

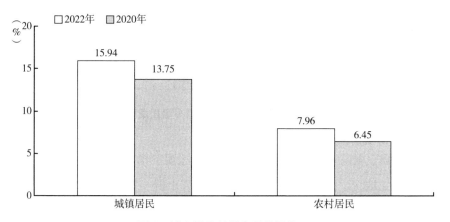

图 4 城乡居民科学素质发展状况

公民科学素质的性别不平衡状况进一步缓解，不同性别公民的科学素质水平均有明显提升，性别差距进一步缩小。2022 年男性公民和女性公民具备科学素质的比例分别达到 14.77% 和 10.98%，比 2020 年的 13.12% 和 8.82% 分别提升 1.65 个和 2.16 个百分点，性别差距缩小 0.51 个百分点（见图 5）。

青年群体的科学素质水平较高，2022 年 18~29 岁和 30~39 岁年龄段公民的科学素质水平分别达到 24.26% 和 16.77%，为建设创新型国家提供了坚实的人力资源保障；40~49 岁、50~59 岁和 60~69 岁年龄段公民的科学

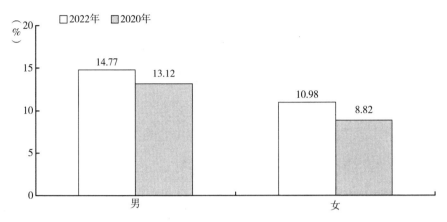

图5 不同性别公民科学素质发展状况

素质水平随年龄增长呈依次递减状态，分别为 11.61%、7.36% 和 4.42%。各年龄段公民的科学素质水平均有明显提升，且青年群体科学素质的提升幅度更加明显（见图6）。

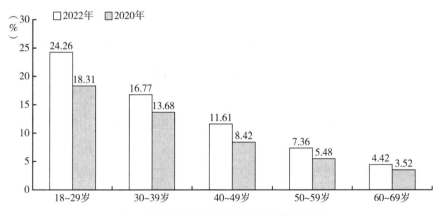

图6 不同年龄段公民科学素质发展状况

公民科学素质水平随受教育程度的提高呈陡升式阶梯分布。2022 年大学本科及以上文化程度公民具备科学素质的比例为 41.39%，大学专科文化程度公民具备科学素质的比例为 22.22%，高中（中专、技校）、初中和小学及以下文化程度公民具备科学素质的比例依次为 15.19%、7.10% 和 2.87%。与

2020 年相比，不同文化程度公民具备科学素质的比例均有所提升，其中初中和小学及以下文化程度公民的科学素质水平分别提升 18.14% 和 36.02%，提升速度较快，中低学历人群科学素质得到改善（见图 7）。

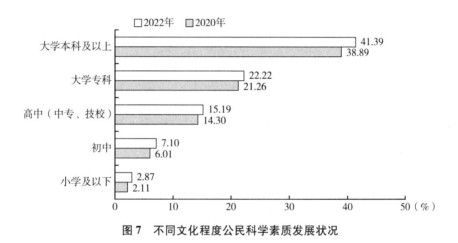

图 7　不同文化程度公民科学素质发展状况

4. 各类人群科学素质呈现不同的发展特征

从各群体科学素质得分情况看，其科学素质在不同维度呈现不同的发展特征。领导干部和公务员群体科学素质平均得分较高（63.6 分），其在科学精神与思想方面表现突出，体现其科学履职能力进一步提高；产业工人群体科学素质平均得分紧随其后（58.7 分），其在应用科学的能力方面表现相对较强，表明构建现代化产业体系的人力资源基础逐步夯实；相比而言，农民群体科学素质平均得分（49.9 分）低于全民科学素质平均得分（53.6 分），其应用科学的能力得分相对较低，是其科学素质的短板，说明仍需加大针对性科普力度；老年人群体科学素质平均得分（44.9 分）在各类人群中最低，科学方法、科学精神与思想、应用科学的能力方面均相对薄弱，反映出在我国进入中度老龄化社会与快速老龄化阶段，要持续发力、综合提升老年人的科学素质（见图 8）。

5. 不同就业状况和职业背景人群的科学素质发展特征

不同就业状况和职业背景的公民科学素质呈现明显的差异。有固定工作

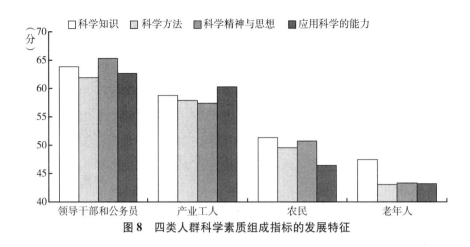

图8　四类人群科学素质组成指标的发展特征

群体具备科学素质的比例为18.14%，大幅高于没有工作人群的8.39%。

从不同职业人群的科学素质水平来看，专业技术人员，党的机关、国家机关、群众团体和社会组织、企事业单位负责人，办事人员和有关人员，生产制造及有关人员四类职业群体的科学素质均达到较高水平，具备科学素质的比例分别达到28.80%、26.24%、24.60%和19.13%。相较而言，社会生产服务和生活服务人员，不便分类的其他从业人员，农、林、牧、渔业生产及辅助人员科学素质水平相对较低，具备科学素质的比例分别为14.43%、13.58%和10.32%（见图9）。

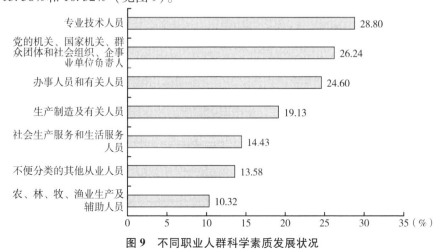

图9　不同职业人群科学素质发展状况

6. 不同收入人群的科学素质发展特征

根据国家统计局对于居民月收入的划分标准，将月收入 2000 元以下的群体称为低收入群体，2000~5000 元称为中等收入群体，5000~10000 元称为较高收入群体，1 万元及以上称为高收入群体，实质上就是"组"的概念。本次调查对受访者收入进行归并，将年收入划分为"2 万元以下""2 万~6 万元""6 万~12 万元""12 万~24 万元""24 万元及以上"五类，其中前三类与国家统计局"低收入群体""中等收入群体""较高收入群体"对应，将"高收入群体"细分为"12 万~24 万元"和"24 万元及以上"两类，以了解更多信息。

科学素质与收入水平关系密切，随着收入水平提高，科学素质水平相应提升。其中，年收入 2 万元以下人群具备科学素质的比例为 6.03%，年收入 2 万~6 万元人群具备科学素质的比例为 10.16%，年收入 6 万~12 万元人群具备科学素质的比例为 22.02%，年收入 12 万~24 万元和 24 万元及以上人群处于高位稳定状态，具备科学素质的比例超过 33%（见图 10）。以上结果表明，年收入 12 万元可以看作科学素质与收入的临界拐点，当年收入低于 12 万元，科学素质与收入呈现较强的对应关系，科学素质水平随收入水平的提升而提升；当年收入高于 12 万元，科学素质与收入水平关系不大，科学素质总体保持超过 33% 的高位稳定状态。

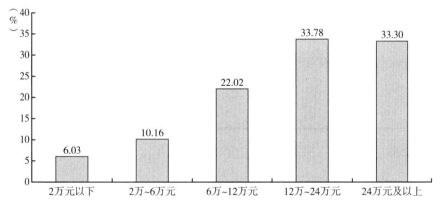

图 10　不同收入人群科学素质发展状况

（二）我国公民对科学技术的兴趣、需求和态度

1. 公民对科技发展信息的兴趣

（1）公民对科技发展信息的感兴趣程度

我国公民对科技发展信息感兴趣的程度较高。调查显示，有22.1%的公民对科技发展信息非常感兴趣，28.8%的公民对科技发展信息比较感兴趣，37.2%的公民选择一般，9.2%的公民对科技发展信息不太感兴趣，2.7%的公民对科技发展信息非常不感兴趣（见图11）。

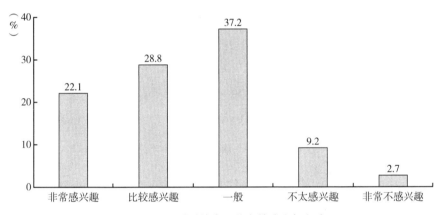

图11 公民对科技发展信息的感兴趣程度

（2）不同群体对科技发展信息的感兴趣程度

①性别差异

对于科技发展信息，男性公民的感兴趣程度高于女性公民。男性公民中，有27.6%选择非常感兴趣，32.7%选择比较感兴趣，32.0%选择一般，5.9%选择不太感兴趣，1.8%选择非常不感兴趣。女性公民中，16.5%选择非常感兴趣，24.8%选择比较感兴趣，42.6%选择一般，12.6%选择不太感兴趣，3.5%选择非常不感兴趣（见图12）。

②城乡差异

对于科技发展信息，城镇居民的感兴趣程度与农村居民相当。城镇居民中，有19.5%选择非常感兴趣，31.5%选择比较感兴趣，38.2%选择一般，

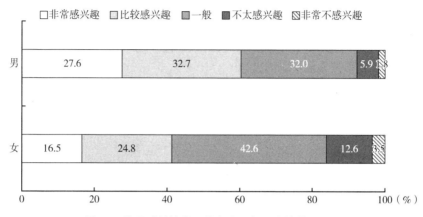

图 12　公民对科技发展信息感兴趣程度的性别差异

8.6%选择不太感兴趣，2.2%选择非常不感兴趣。农村居民中，26.5%选择非常感兴趣，24.4%选择比较感兴趣，35.5%选择一般，10.1%选择不太感兴趣，3.5%选择非常不感兴趣（见图13）。

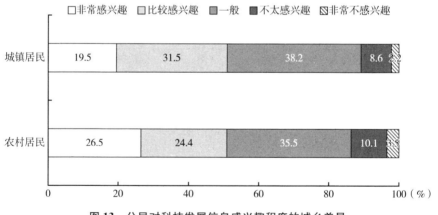

图 13　公民对科技发展信息感兴趣程度的城乡差异

③年龄差异

对于科技发展信息，18～29岁年龄段公民的感兴趣程度高于其他年龄段公民。18～29岁年龄段公民中，有17.4%选择非常感兴趣，36.1%选择比较感兴趣，38.0%选择一般，7.0%选择不太感兴趣，1.5%选择非常不感兴趣。30~39岁年龄段公民中，19.3%选择非常感兴趣，30.4%选择比较感兴趣，41.0%选择一般，7.5%选择不太感兴趣，1.8%选择非常不感兴趣。40~49岁年龄段公民中，22.2%选择非常感兴趣，28.1%选择比较感兴趣，39.5%选择一般，8.0%选择不太感兴趣，2.2%选择非常不感兴趣。50~59岁年龄段公民中，24.9%选择非常感兴趣，25.7%选择比较感兴趣，35.7%选择一般，10.7%选择不太感兴趣，3.0%选择非常不感兴趣。60~69岁年龄段公民中，27.7%选择非常感兴趣，24.1%选择比较感兴趣，29.4%选择一般，13.4%选择不太感兴趣，5.4%选择非常不感兴趣。其中，随着年龄段的增长，选择不感兴趣的比例逐渐上升（见图14）。

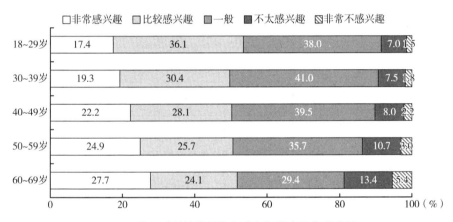

图14 公民对科技发展信息感兴趣程度的年龄差异

④受教育程度差异

对于科技发展信息，大学本科及以上文化程度公民的感兴趣程度高于其他学历公民，感兴趣的比例随学历的提升而增加，不感兴趣的比例随学历的提升而减少。小学及以下文化程度公民中，有25.4%选择非常感兴趣，17.1%选择比较感兴趣，32.9%选择一般，17.0%选择不太感兴趣，7.6%选择非常不感兴趣。初中文化程度公民中，有23.1%选择非常感兴趣，25.4%选择比较感兴趣，40.3%选择一般，9.3%选择不太感兴趣，1.9%选择非常不感兴趣。高中（中专、技校）文化程度公民中，有20.4%选择非常感兴趣，34.1%选择比较感兴趣，38.0%选择一般，6.4%选择不太感兴趣，1.1%选择非常不感兴趣。大学专科文化程度公民中，有19.2%选择非常感兴趣，38.6%选择比较感兴趣，35.6%选择一般，5.5%选择不太感兴趣，1.1%选择非常不感兴趣。大学本科及以上文化程度公民中，有18.8%选择非常感兴趣，44.9%选择比较感兴趣，31.5%选择一般，3.8%选择不太感兴趣，1.0%选择非常不感兴趣（见图15）。

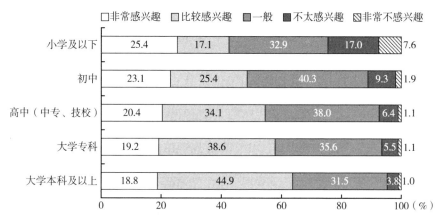

图15 公民对科技发展信息感兴趣程度的受教育程度差异

⑤地区差异

中、西部地区对于科技发展信息的感兴趣程度高于东部地区。东部地区中，19.7%选择非常感兴趣，29.2%选择比较感兴趣，38.8%选择一般，9.7%选择不太感兴趣，2.6%选择非常不感兴趣。中部地区中，有24.5%选择非常感兴趣，28.5%选择比较感兴趣，36.2%选择一般，8.5%选择不太感兴趣，2.3%选择非常不感兴趣。西部地区中，23.4%选择非常感兴趣，28.5%选择比较感兴趣，35.9%选择一般，9.1%选择不太感兴趣，3.1%选择非常不感兴趣。总体来说，东、中、西部地区在各选项选择比例上差别不大（见图16）。

⑥重点人群差异

对于科技发展信息，领导干部和公务员的感兴趣程度高于其他重点人群。领导干部和公务员中，有27.1%选择非常感兴趣，42.5%选择比较感兴

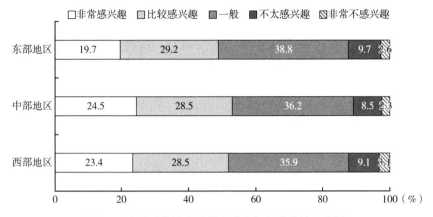

图16 公民对科技发展信息感兴趣程度的地区差异

趣，26.9%选择一般，2.5%选择不太感兴趣，1.0%选择非常不感兴趣。产业工人中，有22.3%选择非常感兴趣，36.1%选择比较感兴趣，35.0%选择一般，5.5%选择不太感兴趣，1.1%选择非常不感兴趣。农民中，有25.5%选择非常感兴趣，24.7%选择比较感兴趣，37.6%选择一般，9.5%选择不太感兴趣，2.7%选择非常不感兴趣。老年人中，有27.7%选择非常感兴趣，24.1%选择比较感兴趣，29.4%选择一般，13.4%选择不太感兴趣，5.4%选择非常不感兴趣。在不感兴趣选项中，老年人的比例最高，其次分别为农民、产业工人、领导干部和公务员（见图17）。

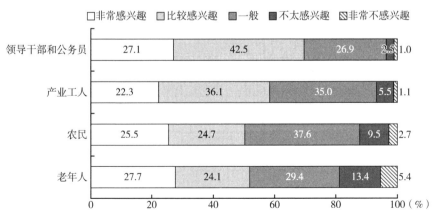

图17 公民对科技发展信息感兴趣程度的重点人群差异

⑦职业差异

对于科技发展信息，军人的感兴趣程度高于其他职业群体。党的机关、国家机关、群众团体和社会组织、企事业单位负责人中，27.8%选择非常感兴趣，37.4%选择比较感兴趣，29.9%选择一般，3.4%选择不太感兴趣，1.5%选择非常不感兴趣。专业技术人员中，23.7%选择非常感兴趣，38.7%选择比较感兴趣，32.3%选择一般，4.6%选择不太感兴趣，0.7%选择非常不感兴趣。办事人员和有关人员中，19.4%选择非常感兴趣，41.3%选择比较感兴趣，33.5%选择一般，5.0%选择不太感兴趣，0.8%选择非常不感兴趣。社会生产服务和生活服务人员中，19.9%选择非常感兴趣，33.4%选择比较感兴趣，38.2%选择一般，7.3%选择不太感兴趣，1.2%选择非常不感兴趣。农、林、牧、渔业生产及辅助人员中，30.2%选择非常感兴趣，27.6%选择比较感兴趣，32.5%选择一般，7.7%选择不太感兴趣，2.0%选择非常不感兴趣。生产制造及有关人员中，20.7%选择非常感兴趣，36.2%选择比较感兴趣，36.8%选择一般，5.4%选择不太感兴趣，0.9%选择非常不感兴趣。军人中，29.0%选择非常感兴趣，40.0%选择比较感兴趣，24.3%选择一般，6.2%选择不太感兴趣，0.5%选择非常不感兴趣。不便分类的其他从业人员中，16.5%选择非常感兴趣，29.1%选择比较感兴趣，44.2%选择一般，8.5%选择不太感兴趣，1.7%选择非常不感兴趣（见图18）。

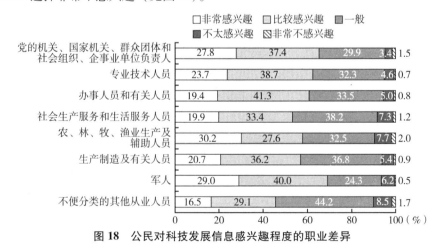

图18 公民对科技发展信息感兴趣程度的职业差异

2. 公民对科技发展信息的需求

（1）公民对科技发展信息的需求情况

对于获取科技信息的原因，家庭和工作需要、解决具体问题、主动自我提升是我国公民平常想要了解科技信息的最主要原因，选择比例分别为46.8%、42.2%和40.8%；对特定科技主题感兴趣的选择比例为34.3%，选择打发时间的比例为24.3%，选择其他的比例为11.6%（见图19）。

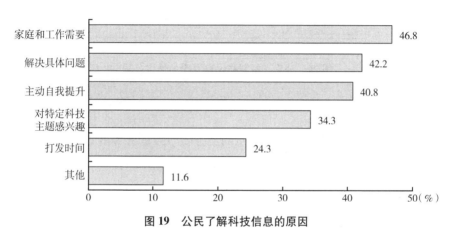

图19　公民了解科技信息的原因

（2）不同群体对科技发展信息的需求情况

①性别差异

男性公民平常想要了解科技信息的最主要原因是主动自我提升、家庭和工作需要、解决具体问题和对特定科技主题感兴趣，选择比例分别为43.3%、41.6%、40.5%和40.1%，选择打发时间的比例为24.0%，选择其他的比例为10.5%。女性公民平常想要了解科技信息的最主要原因是家庭和工作需要、解决具体问题、主动自我提升，选择比例分别为52.7%、44.2%和38.0%，选择对特定科技主题感兴趣的比例为27.7%，选择打发时间的比例为24.6%，选择其他的比例为12.8%。在主动自我提升、对特定科技主题感兴趣选项上，男性公民比例均高于女性公民，在家庭和工作需要、解决具体问题选项上，女性公民比例均高于男性公民。可见，男性公民对科技信息的需求更多体现在兴趣驱动方面，女性公民更偏向实用性（见图20）。

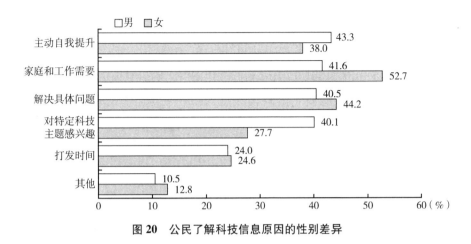

图20 公民了解科技信息原因的性别差异

②城乡差异

城镇居民平常想要了解科技信息的最主要原因是家庭和工作需要、解决具体问题、主动自我提升、对特定科技主题感兴趣，选择比例分别为44.2%、43.0%、40.4%和36.3%，选择打发时间的比例为25.0%，选择其他的比例为11.1%。农村居民平常想要了解科技信息的最主要原因是家庭和工作需要、主动自我提升、解决具体问题，选择比例分别为51.1%、41.6%和41.0%，选择对特定科技主题感兴趣的比例为30.9%，选择打发时间的比例为23.0%，选择其他的比例为12.4%。进一步计算比例差距，发现在家庭和工作需要、对特定科技主题感兴趣选项上，城镇居民和农村居民的差异最大，其中，选择对特定科技主题感兴趣的城镇居民比例高于农村居民，选择家庭和工作需要的农村居民比例高于城镇居民。可见，城镇居民对科技信息的需求更侧重于兴趣驱动，而农村居民则更注重实用性（见图21）。

③年龄差异

不同年龄段公民了解科技信息的原因有所差异。18~29岁年龄段公民平常想要了解科技信息的最主要原因是对特定科技主题感兴趣、解决具体问题和主动自我提升，选择比例分别为48.2%、44.3%和42.5%，选择家庭和工作需要的比例为29.5%，选择打发时间的比例为25.9%，选择其他的比

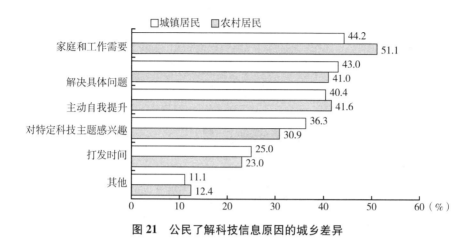

图 21　公民了解科技信息原因的城乡差异

例为 9.6%。30~39 岁年龄段公民平常想要了解科技信息的最主要原因是家庭和工作需要、解决具体问题、主动自我提升，选择比例分别为 45.9%、44.4% 和 39.9%，选择对特定科技主题感兴趣的比例为 36.7%，选择打发时间的比例为 23.2%，选择其他的比例为 9.9%。40~49 岁年龄段公民平常想要了解科技信息的最主要原因是家庭和工作需要、主动自我提升、解决具体问题，选择比例分别为 51.2%、42.6% 和 41.0%，选择对特定科技主题感兴趣的比例为 32.0%，选择打发时间的比例为 20.9%，选择其他的比例为 12.3%。50~59 岁年龄段公民平常想要了解科技信息的最主要原因是家庭和工作需要、解决具体问题、主动自我提升，选择比例分别为 54.4%、41.6% 和 40.9%，选择对特定科技主题感兴趣的比例为 27.4%，选择打发时间的比例为 23.3%，选择其他的比例为 12.4%。60~69 岁年龄段公民平常想要了解科技信息的最主要原因是家庭和工作需要、解决具体问题、主动自我提升，选择比例分别为 50.3%、38.9% 和 37.3%，选择对特定科技主题感兴趣的比例为 27.7%，选择打发时间的比例为 31.3%，选择其他的比例为 14.5%。在对特定科技主题感兴趣选项上，18~29 岁年龄段公民比例远高于其他年龄段公民；在解决具体问题和主动自我提升选项上，各年龄段公民差异较小；在家庭和工作需要选项上，18~29 岁年龄段公民比例远低于其他年龄段公民。可见，18~29 岁年龄段公民对科技信息的需求更多体现在兴趣驱动方面，随着年龄的增长，会更注重实用性和工作家庭需求等（见图 22）。

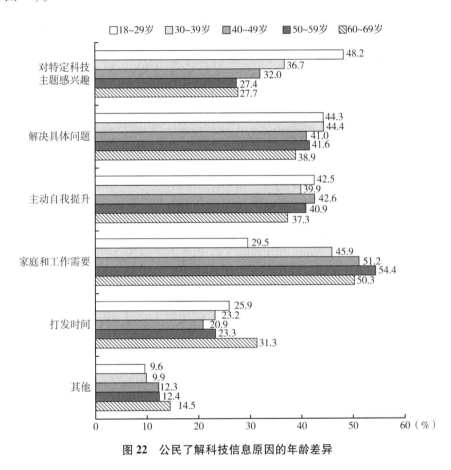

图 22 公民了解科技信息原因的年龄差异

④受教育程度差异

不同受教育程度公民了解科技信息的原因有所差异。小学及以下文化程度公民平常想要了解科技信息的最主要原因是家庭和工作需要、解决具体问题、主动自我提升，选择比例分别为 57.1%、37.9% 和 36.3%，选择打发时间的比例为 29.0%，选择对特定科技主题感兴趣的比例为 24.5%，选择其他的比例为 15.2%。初中文化程度公民平常想要了解科技信息的最主要原因是家庭和工作需要、主动自我提升、解决具体问题，选择比例分别为

50.7%、41.5%和40.0%，选择对特定科技主题感兴趣的比例为29.7%，选择打发时间的比例为24.9%，选择其他的比例为13.2%。高中（中专、技校）文化程度公民平常想要了解科技信息的最主要原因是解决具体问题、主动自我提升、家庭和工作需要，选择比例分别为43.2%、42.3%、42.2%，选择对特定科技主题感兴趣的比例为37.2%，选择打发时间的比例为24.0%，选择其他的比例为11.1%。大学专科文化程度公民平常想要了解科技信息的最主要原因是解决具体问题、对特定科技主题感兴趣和主动自我提升，选择比例分别为47.3%、44.2%和42.3%，选择家庭和工作需要的比例为37.4%，选择打发时间的比例为21.2%，选择其他的比例为7.6%。大学本科及以上文化程度公民平常想要了解科技信息的最主要原因是对特定科技主题感兴趣、解决具体问题和主动自我提升，选择比例分别为51.7%、50.4%和40.5%，选择家庭和工作需要的比例为33.7%，选择打发时间的比例为18.5%，选择其他的比例为5.2%。在对特定科技主题感兴趣、解决具体问题选项上，大学专科及以上文化程度公民比例均高于其他文化程度公民，且随着学历提升，选择比例提高；在家庭和工作需要选项上，高中（中专、技校）及以下文化程度公民比例均高于其他文化程度公民，且随着学历提升，选择比例降低。可见，大学专科及以上文化程度公民对科技信息的需求更多体现在兴趣驱动和自我提升方面，高中（中专、技校）及以下文化程度公民更偏向家庭和工作需求，随着学历的提升，公民更关注自身的内部需求和问题的解决（见图23）。

⑤地区差异

不同地区公民了解科技信息的原因比较一致，但略有差异。东、中、西部地区公民平常想要了解科技信息的最主要原因均是家庭和工作需要、解决具体问题、主动自我提升。其中，东部地区公民平常想要了解科技信息的最主要原因是家庭和工作需要、解决具体问题、主动自我提升，选择比例分别为45.5%、42.6%和40.1%，选择对特定科技主题感兴趣的比例为35.8%，选择打发时间的比例为25.1%，选择其他的比例为10.9%。中部地区公民平常想要了解科技信息的最主要原因是家庭和工作需要、解决具体问题、主

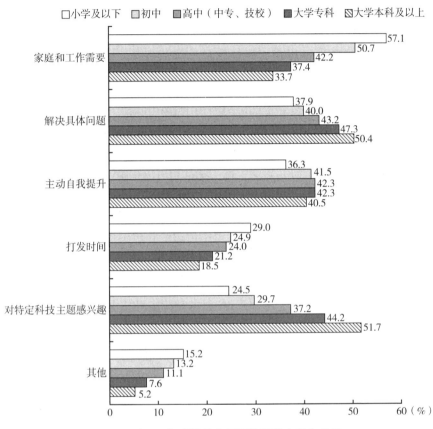

图23 公民了解科技信息原因的受教育程度差异

动自我提升，选择比例分别为47.9%、41.6%和41.3%，选择对特定科技
主题感兴趣的比例为33.7%，选择打发时间的比例为23.6%，选择其他的
比例为11.9%。西部地区公民平常想要了解科技信息的最主要原因是家庭
和工作需要、解决具体问题、主动自我提升，选择比例分别为47.4%、
42.5%和41.3%，选择对特定科技主题感兴趣的比例为32.7%，选择打发
时间的比例为23.9%，选择其他的比例为12.2%。在解决具体问题、对特
定科技主题感兴趣选项上，东部地区比例均高于中部地区和西部地区；在
主动自我提升与家庭和工作需要选项上，中部地区和西部地区比例均高于东
部地区（见图24）。

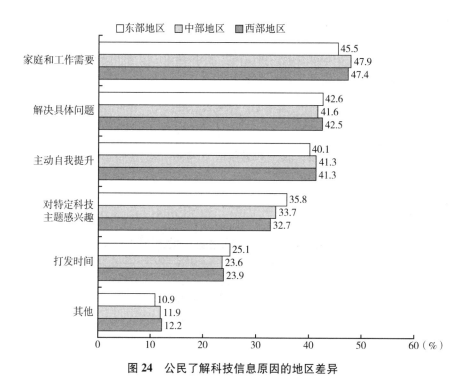

图 24 公民了解科技信息原因的地区差异

⑥重点人群差异

不同重点人群了解科技信息的原因有所差异。领导干部和公务员平常想要了解科技信息的最主要原因是主动自我提升、解决具体问题、对特定科技主题感兴趣与家庭和工作需要，选择比例分别为48.9%、46.1%、45.6%和41.0%，选择打发时间和其他的比例较低。产业工人平常想要了解科技信息的最主要原因是家庭和工作需要、主动自我提升、解决具体问题，选择比例分别为44.6%、43.5%和42.8%，选择对特定科技主题感兴趣的比例为38.8%，选择打发时间的比例为22.4%，选择其他的比例为7.9%。农民平常想要了解科技信息的最主要原因是家庭和工作需要、主动自我提升、解决具体问题，选择比例分别为54.1%、42.3%和41.2%，选择对特定科技主题感兴趣的比例为29.9%，选择打发时间的比例为21.5%，选择其他的比例为11.0%。老年人平常想要了解科技信息的最主要原因是家庭和工作需要、解决具体问题、主动自我提升，选择比例分别为50.3%、38.9%和37.3%，

选择对特定科技主题感兴趣的比例为 27.7%，选择打发时间的比例为
31.3%，选择其他的比例为 14.5%。在主动自我提升、解决具体问题和对特
定科技主题感兴趣选项上，领导干部和公务员比例均高于其他重点人群，在
家庭和工作需要、打发时间选项上，农民、老年人比例均高于其他重点人
群。由上可见，领导干部和公务员、产业工人对科技信息的需求更多体现在
兴趣驱动和自我提升方面，农民和老年人更偏向实用性（见图25）。

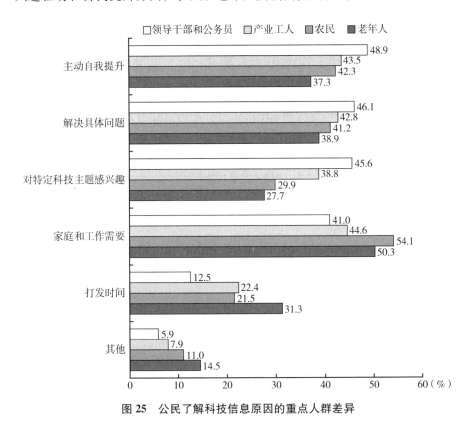

图 25　公民了解科技信息原因的重点人群差异

⑦职业差异

党的机关、国家机关、群众团体和社会组织、企事业单位负责人平常想
要了解科技信息的最主要原因是主动自我提升、对特定科技主题感兴趣和解
决具体问题，选择比例分别为 47.9%、46.8% 和 45.1%，选择家庭和工作需

要的比例为37.3%，选择打发时间的比例为16.8%，选择其他的比例为6.1%。专业技术人员平常想要了解科技信息的最主要原因是解决具体问题、对特定科技主题感兴趣、主动自我提升、家庭和工作需要，选择比例分别为46.3%、45.8%、41.7%、41.5%，选择打发时间的比例为18.0%，选择其他的比例为6.7%。办事人员和有关人员平常想要了解科技信息的最主要原因是解决具体问题、家庭和工作需要、主动自我提升、对特定科技主题感兴趣，选择比例分别为48.2%、44.1%、42.2%、39.9%，选择打发时间的比例为20.0%，选择其他的比例为5.6%。社会生产服务和生活服务人员平常想要了解科技信息的最主要原因是家庭和工作需要、解决具体问题，选择比例分别为46.0%和44.0%，选择主动自我提升和对特定科技主题感兴趣的比例分别为40.4%和37.3%，选择打发时间的比例为22.8%，选择其他的比例为9.5%。农、林、牧、渔业生产及辅助人员平常想要了解科技信息的最主要原因是家庭和工作需要、主动自我提升、解决具体问题，选择比例分别为48.5%、46.3%和43.4%，选择对特定科技主题感兴趣的比例为34.9%，选择打发时间的比例为17.4%，选择其他的比例为9.5%。生产制造及有关人员在具体原因方面差距不大，首先，选择解决具体问题、家庭和工作需要、主动自我提升、对特定科技主题感兴趣的比例分别为42.6%、41.7%、41.4%和40.1%；其次，选择打发时间的比例为25.3%，选择其他的比例为8.9%。军人平常想要了解科技信息的最主要原因是对特定科技主题感兴趣和主动自我提升，选择比例分别为60.2%和54.7%，选择打发时间、解决具体问题、家庭和工作需要的比例分别为34.7%、14.7%、13.5%，选择其他的比例为22.2%。不便分类的其他从业人员平常想要了解科技信息的最主要原因是家庭和工作需要、解决具体问题、主动自我提升，选择比例分别为44.1%、41.1%和39.2%，选择对特定科技主题感兴趣的比例为35.9%，选择打发时间的比例为25.8%，选择其他的比例为13.9%（见图26）。

综上所述，党的机关、国家机关、群众团体和社会组织、企事业单位负责人等对科技信息的需求更多体现在主动自我提升、对特定科技主题感兴趣方面，

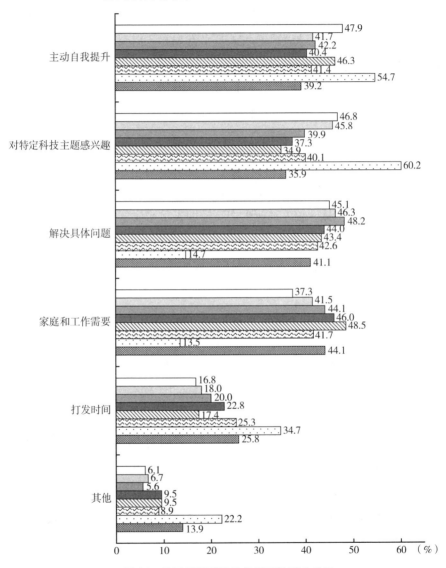

图26 公民了解科技信息原因的职业差异

属于内发的兴趣驱动型。办事人员和有关人员，社会生产服务和生活服务人员，农、林、牧、渔业生产及辅助人员，生产制造及有关人员等一线工作人员更倾向于问题解决、生产生活需要方面，属于问题导向实用型。而军人这一特殊职业，对科技信息的关注高度集中在兴趣和自我提升方面，在实用方面需求较弱。

3. 公民对科学技术的看法和态度

（1）公民对科学技术的看法和态度

我国公民对科学技术的发展持积极理性的态度，支持科技创新，参与科学的意识较强。调查显示，赞成"现代科学技术将给我们的后代提供更多的发展机会"的公民比例为91.8%，赞成"公众对科技创新的理解和支持，是建设科技强国的基础"的公民比例为91.0%，赞成"尽管不能马上产生效益，但是基础科学的研究是必要的，政府应该支持"的公民比例为90.1%，赞成"政府应该通过举办听证会等多种途径，让公众更有效地参与科技决策"的公民比例为87.7%，赞成"持续不断的技术应用最终会毁掉我们赖以生存的地球"的公民比例为33.8%（见图27）。

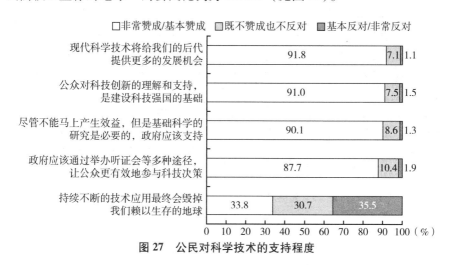

图 27　公民对科学技术的支持程度

（2）不同群体对科学技术的看法和态度

①性别差异

男性公民对科技创新和发展更加关注和支持。对于"公众对科技创新的理解和支持，是建设科技强国的基础"，男性赞成比例为93.3%，女性赞成比例为88.7%。对于"现代科学技术将给我们的后代提供更多的发展机会"，男性赞成比例为92.6%，女性赞成比例为91.0%。对于"尽管不能马上产生效益，但是基础科学的研究是必要的，政府应该支持"，男性赞成比例为92.0%，女性赞成比例为88.3%。对于"政府应该通过举办听证会等多种途径，让公众更有效地参与科技决策"，男性赞成比例为88.8%，女性赞成比例为86.7%。对于"持续不断的技术应用最终会毁掉我们赖以生存的地球"，男性赞成比例为34.8%，反对比例为37.4%，女性赞成比例为32.8%，反对比例为33.6%（见图28）。

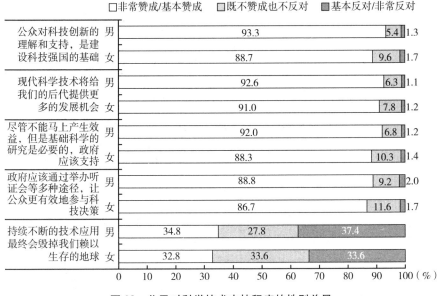

图28　公民对科学技术支持程度的性别差异

②城乡差异

城镇居民对科技创新和发展更加关注和支持。对于"公众对科技创新的理解和支持，是建设科技强国的基础"，城镇居民赞成比例为92.7%，农村居民赞成比例为88.4%。对于"现代科学技术将给我们的后代提供更多的发展机会"，城镇居民赞成比例为92.5%，农村居民赞成比例为90.8%。

对于"尽管不能马上产生效益，但是基础科学的研究是必要的，政府应该支持"，城镇居民赞成比例为91.5%，农村居民赞成比例为87.9%。对于"政府应该通过举办听证会等多种途径，让公众更有效地参与科技决策"，城镇居民赞成比例为88.2%，农村居民赞成比例为86.9%。对于"持续不断的技术应用最终会毁掉我们赖以生存的地球"，城镇居民赞成比例为32.8%，农村居民赞成比例为35.6%（见图29）。

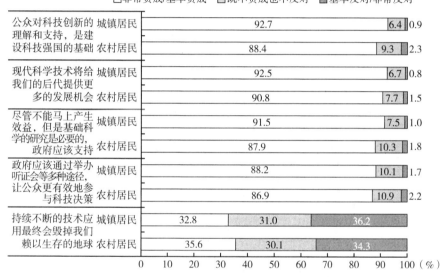

图29　公民对科学技术支持程度的城乡差异

③年龄差异

对科技创新的肯定支持态度随着年龄增长整体呈下降趋势。对于"公众对科技创新的理解和支持，是建设科技强国的基础"，18~29岁、30~39岁、40~49岁、50~59岁、60~69岁年龄段公民的赞成比例分别为92.4%、92.9%、91.9%、90.1%、86.9%。对于"现代科学技术将给我们的后代提供更多的发展机会"，18~29岁、30~39岁、40~49岁、50~59岁、60~69岁年龄段公民的赞成比例分别为92.2%、92.8%、92.5%、91.2%、89.9%。对于"尽管不能马上产生效益，但是基础科学的研究是必要的，政府应该支持"，18~29 岁、30~39 岁、40~49 岁、50~59 岁、60~69 岁年龄段公民的赞成比例分别为 90.0%、91.7%、91.8%、89.8%、86.3%。可见，18~49 岁年龄段公民对科学技术的积极肯定态度比其他年龄段更强烈。

30~59 岁公民参与科学的意愿最强烈。对于"政府应该通过举办听证会等多种途径，让公众更有效地参与科技决策"，18~29 岁、30~39 岁、40~49 岁、50~59 岁、60~69 岁年龄段公民的赞成比例分别为 85.6%、88.4%、89.4%、88.6%、85.3%。

对技术应用可能带来的环境影响的担忧则随着年龄增长呈递增趋势。对于"持续不断的技术应用最终会毁掉我们赖以生存的地球"，18~29 岁、30~39 岁、40~49 岁、50~59 岁、60~69 岁年龄段公民的赞成比例分别为 27.3%、31.9%、32.9%、36.5%、41.1%（见图 30）。

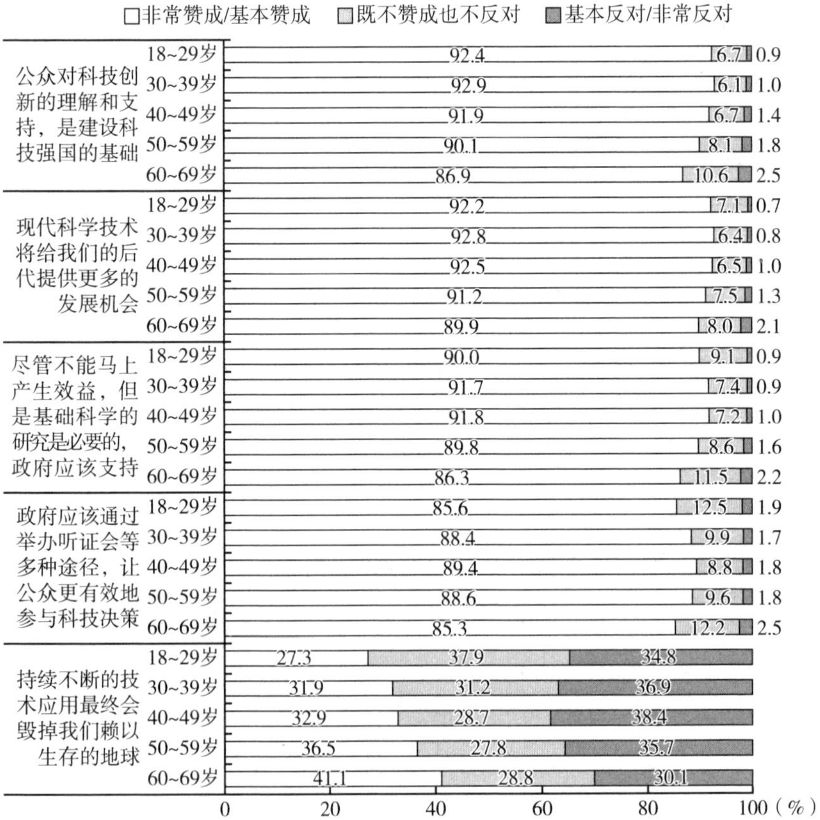

图 30　公民对科学技术支持程度的年龄差异

④受教育程度差异

对科技创新的关注和支持程度随受教育程度的提高而有所提升。对于"现代科学技术将给我们的后代提供更多的发展机会",小学及以下、初中、高中(中专、技校)、大学专科、大学本科及以上文化程度公民的赞成比例分别为86.0%、92.2%、93.5%、94.4%、94.8%。对于"尽管不能马上产生效益,但是基础科学的研究是必要的,政府应该支持",小学及以下、初中、高中(中专、技校)、大学专科、大学本科及以上文化程度公民的赞成比例分别为83.0%、90.1%、91.7%、93.9%、96.6%。对于"公众对科技创新的理解和支持,是建设科技强国的基础",小学及以下、初中、高中(中专、技校)、大学专科、大学本科及以上文化程度公民的赞成比例分别为81.4%、91.5%、93.7%、95.7%、96.8%。

初中是提升公民参与科学意愿的重要阶段。对于"政府应该通过举办听证会等多种途径,让公众更有效地参与科技决策",小学及以下、初中、高中(中专、技校)、大学专科、大学本科及以上文化程度公民的赞成比例分别为81.3%、89.2%、89.6%、88.4%、88.4%。

对技术应用可能带来的环境影响的担忧随着受教育程度的提高而降低。对于"持续不断的技术应用最终会毁掉我们赖以生存的地球",小学及以下、初中、高中(中专、技校)、大学专科、大学本科及以上文化程度公民的赞成比例逐渐降低,分别为40.5%、35.2%、32.5%、29.3%、22.7%,反对比例逐渐上升,分别为28.0%、35.2%、36.4%、37.9%、46.8%(见图31)。

⑤地区差异

东部地区比中、西部地区对科学技术的创新和发展更加关注和支持,参与科学的意愿更强烈。对于"现代科学技术将给我们的后代提供更多的发展机会",东、中、西部地区公民的赞成比例分别为92.3%、91.2%、91.7%。对于"公众对科技创新的理解和支持,是建设科技强国的基础",东、中、西部地区公民的赞成比例分别为92.0%、90.5%、90.2%。对于"尽管不能马上产生效益,但是基础科学的研究是必要的,政府应该支持",

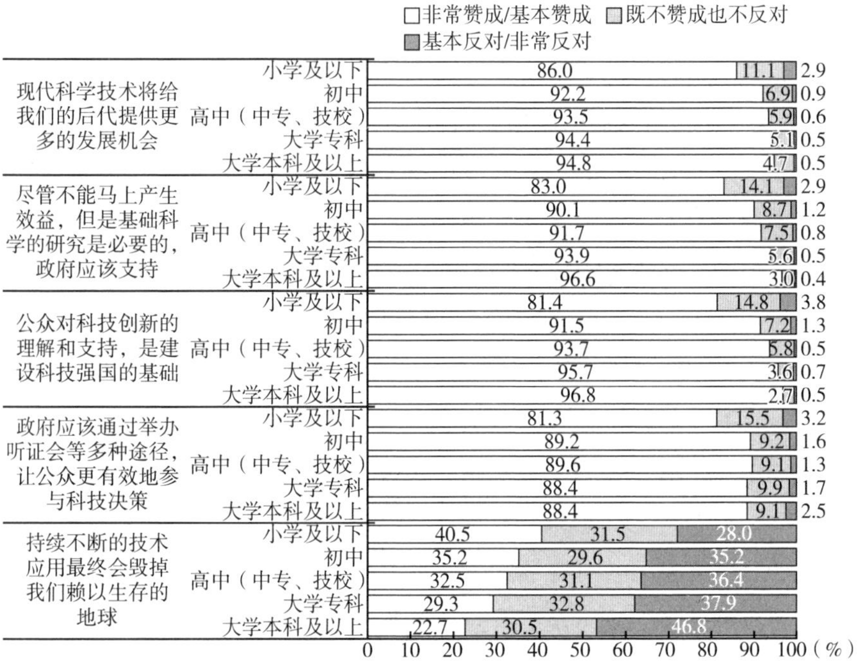

图31　公民对科学技术支持程度的受教育程度差异

东、中、西部地区公民的赞成比例分别为91.2%、89.1%、89.7%。对于"政府应该通过举办听证会等多种途径，让公众更有效地参与科技决策"，东、中、西部地区公民的赞成比例分别为88.5%、87.0%、87.3%。对于"持续不断的技术应用最终会毁掉我们赖以生存的地球"，东、中、西部地区公民的赞成比例分别为34.8%、31.0%、35.5%（见图32）。

⑥重点人群差异

领导干部和公务员对科技创新和发展更加关注和支持。对于"现代科学技术将给我们的后代提供更多的发展机会"，领导干部和公务员、产业工人、农民、老年人的赞成比例分别为97.1%、91.6%、91.7%、89.9%。对于"公众对科技创新的理解和支持，是建设科技强国的基础"，领导干部和公务员、产业工人、农民、老年人的赞成比例分别为96.9%、94.6%、89.4%、86.9%。对于"尽管不能马上产生效益，但是基础科学的研究是必

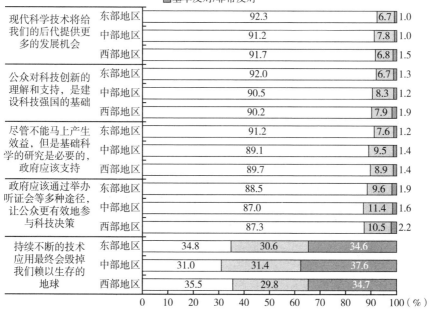

图 32 公民对科学技术支持程度的地区差异

要的，政府应该支持"，领导干部和公务员、产业工人、农民、老年人的赞成比例分别为 96.8%、93.1%、89.1%、86.3%。

领导干部和公务员参与科学的意愿更强烈。对于"政府应该通过举办听证会等多种途径，让公众更有效地参与科技决策"，领导干部和公务员、产业工人、农民、老年人的赞成比例分别为 92.4%、88.8%、88.1%、85.3%。

对技术应用可能带来的环境影响，领导干部和公务员更有信心，农民和老年人更加担忧。对于"持续不断的技术应用最终会毁掉我们赖以生存的地球"，领导干部和公务员、产业工人、农民、老年人的赞成比例分别为 29.4%、29.8%、36.4%、41.1%，反对比例分别为 48.0%、41.5%、34.5%、30.1%（见图33）。

⑦职业差异

各类从业人员对科学技术的创新与发展普遍持积极肯定的态度。党的机

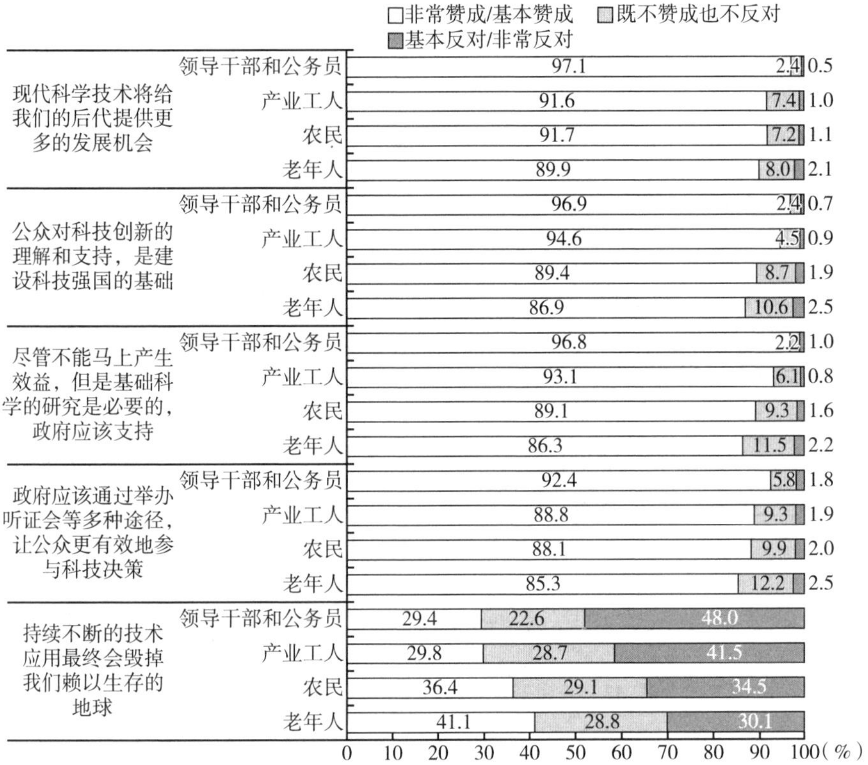

图 33　公民对科学技术支持程度的重点人群差异

关、国家机关、群众团体和社会组织、企事业单位负责人，办事人员和有关人员对于"现代科学技术将给我们的后代提供更多的发展机会""尽管不能马上产生效益，但是基础科学的研究是必要的，政府应该支持""公众对科技创新的理解和支持，是建设科技强国的基础"的赞成比例较高，均在95%以上，高于社会生产服务和生活服务人员，农、林、牧、渔业生产及辅助人员，生产制造及有关人员，军人，不便分类的其他从业人员。在参与科学方面，对于"政府应该通过举办听证会等多种途径，让公众更有效地参与科技决策"，军人，党的机关、国家机关、群众团体和社会组织、企事业单位负责人，办事人员和有关人员，生产制造及有关人员的赞成比例均在90%以上，拥有更强的参与意识，其中军人的赞成比例最高。对于"持续不断的技术应用最终会毁掉我们赖以生存的地球"，党的机关、国家机关、群众团体和社会组织、企事业单位负责人，专业技术人员的赞成比例最低，而反对比例最高，在技术应用可能带来的环境影响方面更有信心（见图34）。

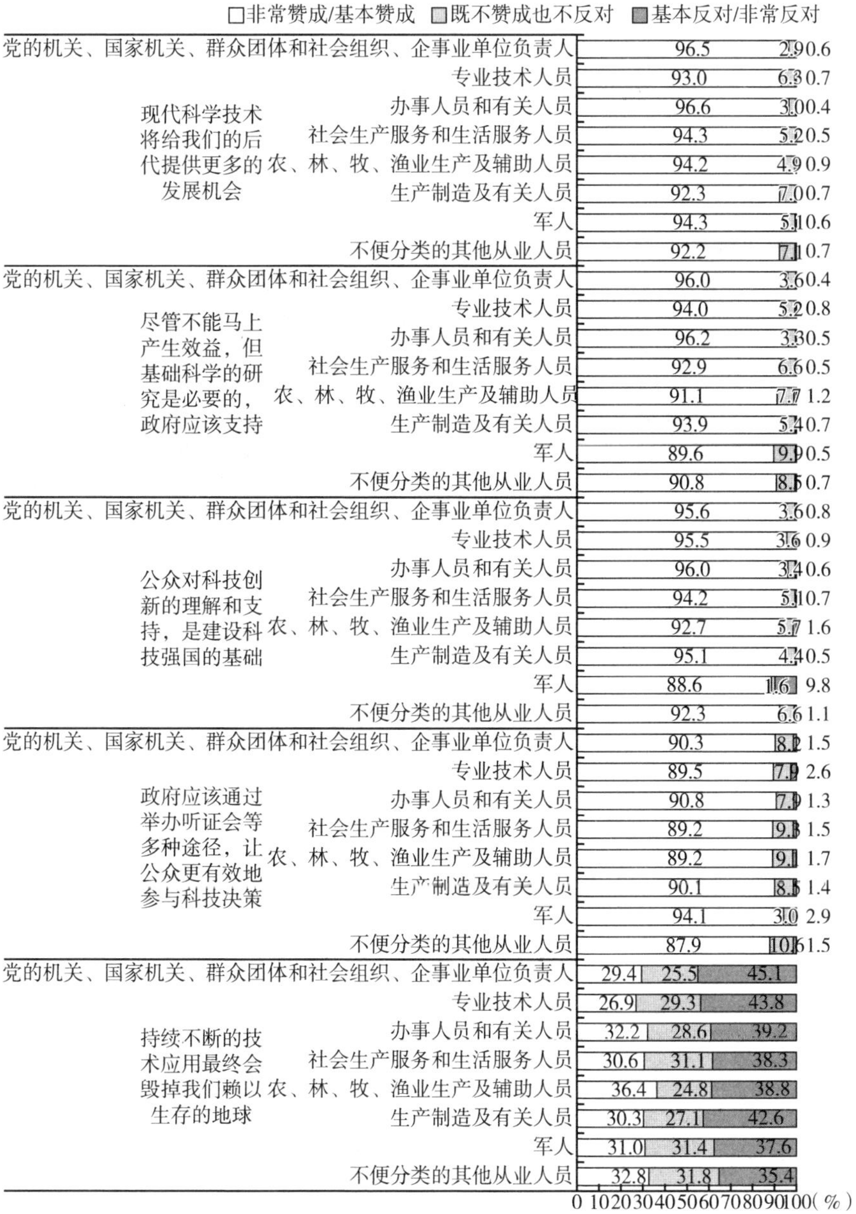

图 34　公民对科学技术支持程度的职业差异

4. 具备科学素质公民对科学技术的兴趣、需求和态度

（1）具备科学素质公民对科技发展信息的兴趣

具备科学素质公民对科技类信息感兴趣的程度较高。具备科学素质公民选择非常感兴趣的比例为 23.9%，比较感兴趣的比例为 43.3%，一般的比例为 28.3%，不太感兴趣的比例为 4.0%，非常不感兴趣的比例为 0.5%。不具备科学素质公民对科技发展信息非常感兴趣的比例为 22.0%，比较感兴趣的比例为 26.9%，一般的比例为 38.4%，不太感兴趣的比例为 9.9%，非常不感兴趣的比例为 2.8%（见图 35）。

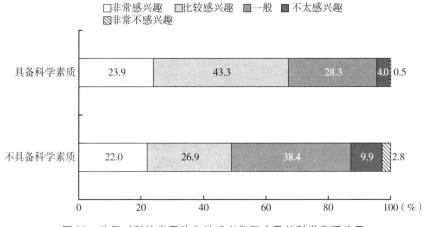

图 35　公民对科技发展信息的感兴趣程度及其科学素质差异

（2）具备科学素质公民对科技发展信息的需求

具备科学素质公民对科技发展信息的需求更侧重于兴趣驱动型，而不具备科学素质公民更偏向问题导向型。具备科学素质公民平常想要了解科技信息的最主要原因是对特定科技主题感兴趣，选择比例为 50.2%，其次为解决具体问题、主动自我提升、家庭和工作需要，选择比例分别为 45.6%、43.1、34.3%，选择打发时间的比例为 20.2%，选择其他的比例为 6.6%。不具备科学素质公民平常想要了解科技信息的最主要原因是家庭和工作需要，选择比例为 48.6%，其次为解决具体问题和主动自我提升，选择比例分别为 41.7% 和 40.5%，选择对特定科技主题感兴趣的比例

为 32.0%，选择打发时间的比例为 24.8%，选择其他的比例为 12.4%（见图 36）。

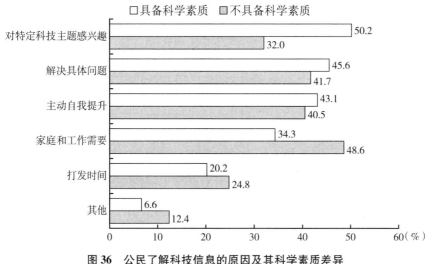

图 36 公民了解科技信息的原因及其科学素质差异

（3）具备科学素质公民对科学技术的看法和态度

具备科学素质公民对科技创新和发展更加关注和支持，在技术应用可能带来的环境影响方面更有信心。对于"公众对科技创新的理解和支持，是建设科技强国的基础"，具备科学素质公民的赞成比例为 97.0%，不具备科学素质公民的赞成比例为 90.3%。对于"尽管不能马上产生效益，但是基础科学的研究是必要的，政府应该支持"，具备科学素质公民的赞成比例为 96.6%，不具备科学素质公民的赞成比例为 89.3%。对于"现代科学技术将给我们的后代提供更多的发展机会"，具备科学素质公民的赞成比例为 94.1%，不具备科学素质公民的赞成比例为 91.5%。对于"政府应该通过举办听证会等多种途径，让公众更有效地参与科技决策"，具备科学素质公民的赞成比例为 88.2%，不具备科学素质公民的赞成比例为 87.6%。对于"持续不断的技术应用最终会毁掉我们赖以生存的地球"，具备科学素质公民的赞成比例为 21.3%，不具备科学素质公民的赞成比例为 35.4%（见图 37）。

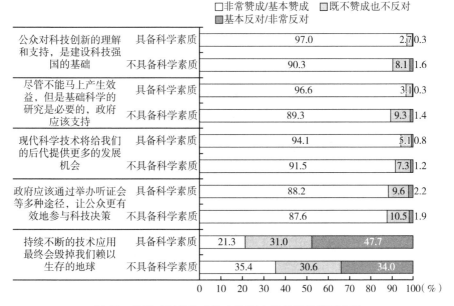

图37 公民对科学技术的支持程度及其科学素质差异

5.兴趣、需求和态度的关联分析

（1）兴趣和态度的关系分析

对科技发展信息感兴趣程度较高的公民对科技创新和发展更加关注和支持，有更强的参与科学的意识。对科技发展信息非常感兴趣和比较感兴趣的公民中，对于"现代科学技术将给我们的后代提供更多的发展机会""公众对科技创新的理解和支持，是建设科技强国的基础""尽管不能马上产生效益，但是基础科学的研究是必要的，政府应该支持""政府应该通过举办听证会等多种途径，让公众更有效地参与科技决策"的赞成比例均在90%以上。对于"现代科学技术将给我们的后代提供更多的发展机会"，非常感兴趣、比较感兴趣、一般、不太感兴趣、非常不感兴趣的公民的赞成比例分别为96.9%、96.0%、91.9%、83.1%、69.8%。对于"公众对科技创新的理解和支持，是建设科技强国的基础"，非常感兴趣、比较感兴趣、一般、不太感兴趣、非常不感兴趣的公民的赞成比例分别为94.4%、95.3%、89.6%、81.2%、70.7%。对于"尽管不能马上产生效益，但是基础科学的研究是必要的，政府应该支持"，非常感兴趣、比较感兴趣、一般、不太感兴趣、非常不感兴趣的公民的赞成比例分别为 93.8%、94.5%、88.6%、81.9%、71.8%。对于"政府应该通过举办听证会等多种途径，让公众更有效地参与科技决策"，非常感兴趣、比较感兴趣、一般、不太感兴趣、非常不感兴趣的公民的赞成比例分别为 93.3%、91.3%、86.2%、78.5%、65.6%。对于"持续不断的技术应用最终会毁掉我们赖以生存的地球"，非常感兴趣、比较感兴趣、一般、不太感兴趣、非常不感兴趣的公民的赞成比例分别为 38.1%、31.7%、33.8%、33.0%、40.0%（见图38）。

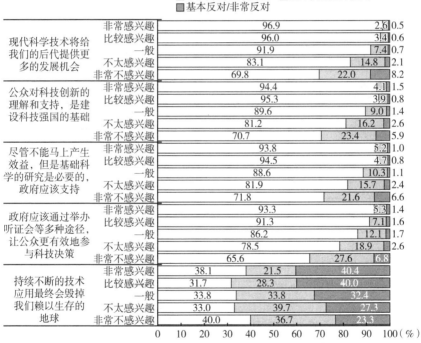

图38　公民对科学技术的支持程度及其感兴趣程度差异

（2）需求和态度的关系分析

将公民了解科技信息的原因划分为兴趣驱动型和问题导向型进一步分析，发现兴趣驱动型公民对科技创新和发展更加关注和支持，有更强的参与科学的意识。对于"现代科学技术将给我们的后代提供更多的发展机会"，问题导向型公民赞成比例为94.3%，兴趣驱动型公民赞成比例为96.4%。对于"公众对科技创新的理解和支持，是建设科技强国的基础"，问题导向型公民赞成比例为92.3%，兴趣驱动型公民赞成比例为94.6%。对于"尽管不能马上产生效益，但是基础科学的研究是必要的，政府应该支持"，问题导向型公民赞成比例为91.5%，兴趣驱动型公民赞成比例为93.7%。对于"政府应该通过举办听证会等多种途径，让公众更有效地参与科技决策"，问题导向型公民赞成比例为89.6%，兴趣驱动型公民赞成比例为91.9%。对于"持续不断的技术应用最终会毁掉我们赖以生存的地球"，问题导向型公民赞成比例为32.8%，兴趣驱动型公民赞成比例为34.9%（见图39）。

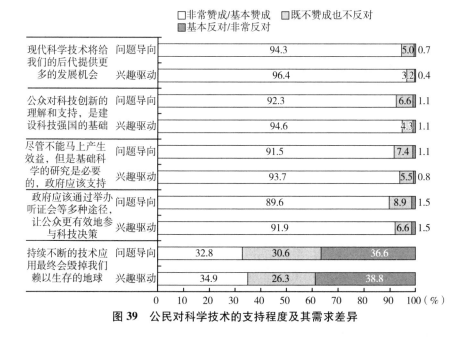

图39　公民对科学技术的支持程度及其需求差异

（三）我国公民获取科技信息的渠道及特征分析

1. 公民获取科技信息的主要渠道

（1）互联网是公民获取科技信息的首选渠道

电视和互联网是我国公民获取科技信息的主要渠道，互联网已成为公民获取科技信息的首选渠道。2022 年调查显示，通过电视、互联网及移动互联网获取科技信息的公民比例分别为 87.7% 和 78.0%，其中将互联网及移动互联网作为首选的公民比例为 56.2%，明显高于首选电视的比例（31.0%）。其次，公民获取科技信息的其他渠道依次为广播（33.3%）、亲友同事（27.7%）、报纸（27.0%）、图书（23.2%）和期刊/杂志（23.1%）（见图 40）。

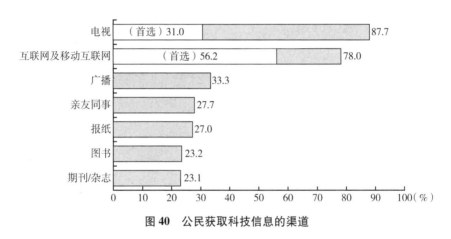

图 40　公民获取科技信息的渠道

（2）主流互联网渠道成为互联网使用者获取科技信息的重要方式

2022 年，对通过互联网及移动互联网获取科技信息的公民进一步调查显示，微信、QQ、微博等社交平台和抖音、快手等短视频平台是我国公民获取科技信息的主要网络渠道，相应的比例分别为 78.0% 和 67.5%。其中，将微信、QQ、微博等社交平台作为首选网络渠道的比例最高，为 39.0%，明显高于首选抖音、快手等短视频平台的比例（21.0%）。其次，公民获取科技信息的其他网络渠道依次为百度、必应等搜索引擎（64.9%），学习强国等学习教育平台（25.5%），新浪、网易、搜狐等门户网站（18.9%），科学网、果壳网等专门科普网站（17.6%）和喜马拉雅等电台广播平台（6.4%）（见图 41）。

2. 不同群体获取科技信息的主要渠道

分析表明，不同群体获取科技信息的主要渠道存在不同程度的差异。

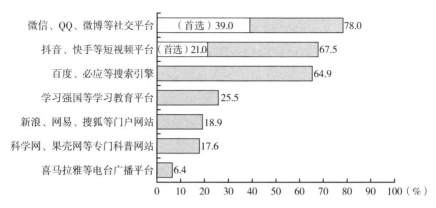

图41　通过互联网获取科技信息的公民网络渠道使用情况

（1）性别差异

从性别的差异来看，公民获取科技信息的方式呈现明显的性别特征。男性公民利用电视、互联网及移动互联网、广播、亲友同事、报纸、图书、期刊/杂志的比例分别为86.0%、79.4%、33.0%、22.7%、29.3%、24.4%、25.2%，女性利用电视、互联网及移动互联网、广播、亲友同事、报纸、图书、期刊/杂志的比例分别为89.3%、76.5%、33.5%、32.9%、24.6%、22.1%、21.1%。男性公民比女性公民更多地利用互联网及移动互联网、报纸、图书、期刊/杂志获取科技信息，比例比女性公民分别高出2.9个、4.7个、2.3个、4.1个百分点；女性公民比男性公民更多地利用电视、广播、亲友同事的渠道获取科技信息，比例分别高出3.3个、0.5个、10.2个百分点（见图42）。男女选择差异最大的为亲友同事渠道。

（2）年龄差异

对不同年龄段的分析如图43所示，电视和互联网及移动互联网是所有年龄段公民获取科技信息的最主要渠道，各年龄段的比例均处于较高水平；公民获取科技信息随年龄增大而比例逐渐降低的渠道是互联网及移动互联网、期刊/杂志和图书，其中公民利用互联网及移动互联网获取科技信息的年龄差异最为明显，从18～29岁的91.3%下降至60～69岁的49.6%；公民

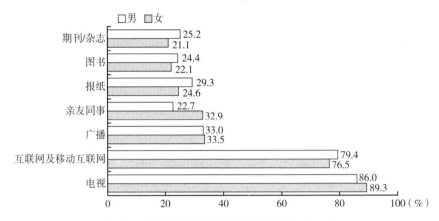

图42 公民获取科技信息主要渠道的性别差异

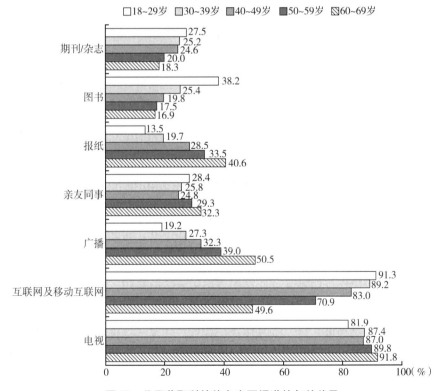

图43 公民获取科技信息主要渠道的年龄差异

获取科技信息随年龄增加而比例逐渐提升的渠道是广播和报纸；60～69岁年龄段公民通过电视获取科技信息的比例最高，且18～69岁年龄段公民通过电视获取科技信息的比例均超过80%；同时，60～69岁年龄段公民通过亲友同事获取科技信息的比例最高，且18～69岁年龄段公民通过亲友同事获取科技信息的比例均超过20%。总体而言，随着数字时代到来，互联网整体的使用更加广泛。图书、报纸、广播、互联网领域出现了明显的代际差异，年轻人偏向于通过图书、互联网及移动互联网获取科技信息，老年人偏向于通过报纸、广播获取科技信息。

（3）城乡差异

对城乡居民获取科技信息渠道的分析如图44所示，城镇居民比农村居民更多地利用互联网及移动互联网、图书、期刊/杂志获取科技信息，其中利用互联网及移动互联网的比例高出10.8个百分点、利用图书的比例高出5.0个百分点、利用期刊/杂志的比例高出6.9个百分点；农村居民比城镇居民更多地利用电视、广播、亲友同事、报纸获取科技信息，其中利用电视的比例比城镇居民高出4.2个百分点、利用广播的比例比城镇居民高出14.3个百分点、利用亲友同事的比例比城镇居民高出1.5个百分点、利用报纸的比例比城镇居民高出2.7个百分点。

截至2023年12月，我国农村网民规模达3.26亿人，城镇网民规模达7.66亿人，农村居民利用数字化手段获取信息的意愿相对薄弱，这与缺少电脑等上网设备、文化程度低、不懂网络存在关联。在此背景下，广播作为传统媒体，成为农村居民获取科技信息的重要途径，在服务政策宣传、服务基层群众、传播科技信息等方面发挥着不可或缺的作用，成为弥合城乡数字鸿沟，减少城乡信息差，做实信息服务"最后一公里"的有力抓手。因此，不仅要将新技术带进乡村，也要继续运营好广播等传统媒体，打造科技化的广播节目，助推乡村振兴全方位发展。

（4）文化程度差异

对不同文化程度公民获取科技信息的渠道分析如图45所示，大学本科及以上学历公民利用电视、互联网及移动互联网、广播、亲友同事、报纸、

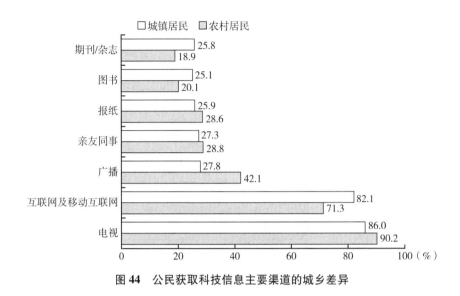

图 44　公民获取科技信息主要渠道的城乡差异

图书、期刊/杂志的比例分别为 74.0%、92.0%、14.1%、21.3%、14.3%、43.6%、40.7%；大学专科学历公民利用电视、互联网及移动互联网、广播、亲友同事、报纸、图书、期刊/杂志的比例分别为 82.9%、91.3%、20.5%、25.1%、19.1%、31.8%、29.3%；高中（中专、技校）学历公民利用电视、互联网及移动互联网、广播、亲友同事、报纸、图书、期刊/杂志的比例分别为 88.5%、86.7%、26.0%、24.7%、24.9%、24.8%、24.4%；初中学历公民利用电视、互联网及移动互联网、广播、亲友同事、报纸、图书、期刊/杂志的比例分别为 90.0%、79.2%、35.5%、27.7%、29.7%、18.0%、19.9%；小学及以下学历公民利用电视、互联网及移动互联网、广播、亲友同事、报纸、图书、期刊/杂志的比例分别为 91.3%、50.7%、53.2%、36.6%、33.9%、17.9%、16.4%。

　　不同文化程度的公民对各类科技信息的获取渠道呈现明显差异。公民通过互联网及移动互联网、广播获取科技信息方面呈现较大的文化程度差异，大学本科及以上学历通过互联网及移动互联网获取科技信息的比例高达 92.0%，而小学及以下学历通过互联网及移动互联网获取科技信息的比例仅

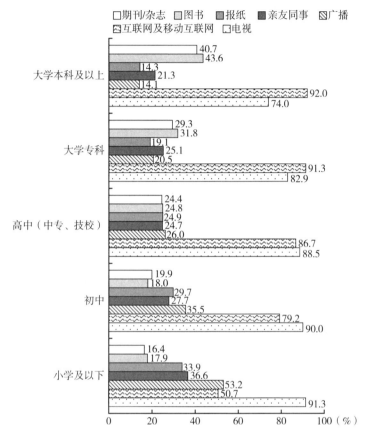

图 45　公民获取科技信息主要渠道的文化程度差异

为 50.7%。相较而言，文化程度较低的公民更愿意通过亲友同事、广播和报纸获取科技信息，文化程度较高的公民更喜欢通过互联网及移动互联网、期刊/杂志和图书获取科技信息。电视作为传统大众媒体的代表，不同文化程度的公民都具有良好的接受度。

初中及以下学历的公民通过报纸、亲友同事、广播、电视获取科技信息的比例较高。《全民科学素质行动规划纲要（2021—2035 年）》中提到"深化科普供给侧改革，提高供给效能，着力固根基、扬优势、补短板、强弱项，构建主体多元、手段多样、供给优质、机制有效的全域、全时科学素质建设体系"，中低学历人群科学素质的可持续发展与提升需求一直都是相关部门的关注重点，从获取科技信息的渠道这一供给侧来说，一是要加强报纸、亲友同事、广播、电视中科普内容的设计，持续供给优质科普资源；二是要促进中低学历人群利用好期刊/杂志、图书、互联网作为获取科技信息的主要渠道，扩宽渠道路径；三是要调查中低学历人群需求，从而对症下药，制定专项科学素质提升计划，帮助其在获取科技信息上更准确、更方便快捷、更适用。

（5）地区差异

不同地区公民获取科技信息的渠道对比如图 46 所示，东部地区公民利用电视、互联网及移动互联网、广播、亲友同事、报纸、图书、期刊/杂志的比例分别为 86.2%、78.0%、32.5%、27.7%、29.4%、22.6%、23.6%；中部地区公民利用电视、互联网及移动互联网、广播、亲友同事、报纸、图书、期刊/杂志的比例分别为 87.9%、81.4%、31.9%、28.9%、24.1%、23.2%、22.6%；西部地区公民利用电视、互联网及移动互联网、广播、亲友同事、报纸、图书、期刊/杂志的比例分别为 89.4%、73.9%、36.1%、26.8%、26.4%、24.2%、23.2%。

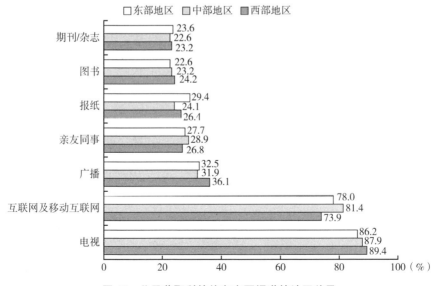

图 46 公民获取科技信息主要渠道的地区差异

中部地区公民利用互联网及移动互联网、亲友同事的比例高于东部地区，东部地区高于西部地区；东部地区公民利用报纸获取科技信息的比例明显高于中部和西部地区；利用电视、图书、期刊/杂志等获取科技信息的地区差异不明显。

（6）重点人群差异

通过期刊/杂志、图书、互联网及移动互联网获取科技信息的人群中，选择比例较高的是领导干部和公务员、产业工人；通过报纸、亲友同事、广播、电视获取科技信息的人群中，选择比例较高的是农民、老年人。领导干部和公务员、产业工人对新兴媒体的运用较好，农民、老年人对传统媒体的依赖性较强。四类重点人群最为广泛的是通过互联网及移动互联网、电视获取科技信息，其中在通过广播获取科技信息方面具有较大差异性。

对重点人群获取科技信息的渠道分析如图47所示，领导干部和公务员、产业工人主要通过互联网及移动互联网、电视获取科技信息，较少通过报纸、亲友同事、广播获取科技信息。

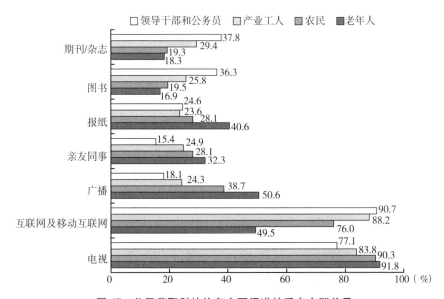

图47　公民获取科技信息主要渠道的重点人群差异

农民主要通过互联网及移动互联网、电视获取科技信息，较少通过期刊/杂志、图书获取科技信息。老年人主要通过广播、互联网及移动互联网、电视获取科技信息，较少通过期刊/杂志、图书获取科技信息。领导干部和公务员群体利用期刊/杂志、图书和互联网及移动互联网获取科技信息的比例明显高于产业工人、农民和老年人群体，特别是在利用互联网及移动互联网方面高出产业工人2.5个百分点、高出老年人超40个百分点；而老年人利用报纸、亲友同事、广播和电视获取科技信息的比例最高，其中通过电视获取科技信息的比例超过90%。

（7）收入差异

对不同收入公民获取科技信息的渠道分析如图48所示。公民获取科技信息随收入增加而比例逐渐降低的渠道是报纸、电视、广播，其中公民利用广播获取科技信息的收入差异最为明显，从2万元以下的42.6%下降到24万元及以上的18.4%。公民获取科技信息随收入增加而比例逐渐提升的渠道是图书、期刊/杂志、互联网及移动互联网，其中公民利用互联网及移动

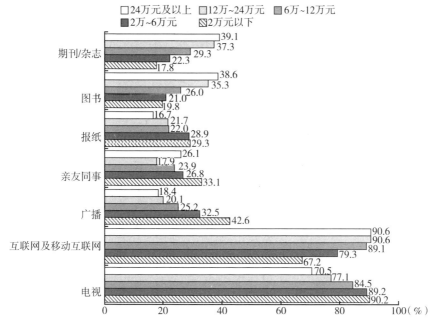

图48　公民获取科技信息主要渠道的收入差异

互联网获取科技信息的收入差异最为明显，从 2 万元以下的 67.2% 增加到 24 万元及以上的 90.6%。除 12 万~24 万元收入段，其余各收入段公民通过亲友同事获取科技信息的比例较为接近。

（8）职业差异

对不同职业公民获取科技信息的渠道分析如表 4 所示。农、林、牧、渔业生产及辅助人员和军人利用报纸的比例最高，均接近 30%；专业技术人员通过图书和期刊/杂志获取科技信息的比例最高，分别为 35.1% 和 34.8%；农、林、牧、渔业生产及辅助人员通过电视和广播获取科技信息的比例均最高，分别为 90.1% 和 37.5%；党的机关、国家机关、群众团体和社会组织、企事业单位负责人，专业技术人员，生产制造及有关人员利用互联网及移动互联网的比例较高，均超过 90%；军人通过亲友同事获取科技信息的比例最高，超过 30%。不同职业人群在获取科技信息的渠道上各有差异。

表 4 公民获取科技信息主要渠道的职业差异

单位：%

渠道 \ 职业	报纸	图书	期刊/杂志	电视	广播	互联网及移动互联网	亲友同事
党的机关、国家机关、群众团体和社会组织、企事业单位负责人	24.0	31.9	33.0	80.6	21.0	90.1	19.4
专业技术人员	20.9	35.1	34.8	78.5	19.5	90.3	20.9
办事人员和有关人员	23.4	30.1	32.0	83.7	20.4	89.3	21.1
社会生产服务和生活服务人员	22.8	22.2	25.8	87.1	26.6	88.3	27.2
农、林、牧、渔业生产及辅助人员	29.2	20.6	21.0	90.1	37.5	77.6	24.0
生产制造及有关人员	21.3	25.1	26.9	85.7	25.6	90.8	24.6
军人	28.7	31.1	32.1	74.6	26.9	76.2	30.4
不便分类的其他从业人员	26.1	21.8	22.9	88.0	27.5	86.0	27.7

3. 不同群体通过互联网获取科技信息的情况（选择互联网及移动互联网的人群）

分析表明，不同群体通过互联网获取科技信息的主要渠道存在不同程度的差异。

（1）性别差异

从性别来看，男性公民利用微信、QQ、微博等社交平台，百度、必应等搜索引擎，新浪、网易、搜狐等门户网站，抖音、快手等短视频平台，科学网、果壳网等专门科普网站，喜马拉雅等电台广播平台，学习强国等学习教育平台，知乎、百度知道等问答平台获取科技信息的比例分别为 74.3%、65.9%、21.1%、64.4%、21.0%、6.4%、24.9%、22.0%。女性公民利用微信、QQ、微博等社交平台，百度、必应等搜索引擎，新浪、网易、搜狐等门户网站，抖音、快手等短视频平台，科学网、果壳网等专门科普网站，喜马拉雅等电台广播平台，学习强国等学习教育平台，知乎、百度知道等问答平台获取科技信息的比例分别为 81.8%、63.5%、16.8%、70.7%、13.9%、6.6%、26.1%、20.6%（见图 49）。

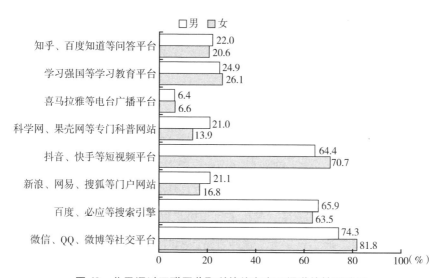

图 49　公民通过互联网获取科技信息主要渠道的性别差异

男性公民相较女性公民，在百度、必应等搜索引擎，新浪、网易、搜狐等门户网站，科学网、果壳网等专门科普网站，知乎、百度知道等问答平台四种网络渠道上的选择比例更高。女性相较男性，在微信、QQ、微博等社交平台，抖音、快手等短视频平台，喜马拉雅等电台广播平台，学习强国等学习教育平台四种网络渠道上的选择比例更高。男性与女性通过微信、QQ、微博等社交平台获取科技信息的比例差距最大，女性高于男性，差距达 7.5个百分点。

（2）年龄差异

从年龄来看，在选择知乎、百度知道等问答平台作为获取渠道的公民中，18~29 岁公民相较其余年龄段公民选择比例更高，达 30.3%，高于40~69 岁年龄段 10 个百分点以上。在选择喜马拉雅等电台广播平台作为获取渠道的公民中，60~69 岁公民相较其他年龄段公民选择比例更高，达14.9%，是其他年龄段公民选择比例的两倍以上。在选择百度、必应等搜索引擎作为获取渠道的公民中，60~69 岁公民相较其余年龄段公民选择比例更低，为 56.1%，比其余年龄段公民低 5 个百分点以上。其他方面，各年龄段公民选择各类网络渠道的比例较为接近（见图50）。

（3）城乡差异

从城乡来看，城镇居民利用微信、QQ、微博等社交平台，百度、必应等搜索引擎，新浪、网易、搜狐等门户网站，抖音、快手等短视频平台，科学网、果壳网等专门科普网站，喜马拉雅等电台广播平台，学习强国等学习教育平台，知乎、百度知道等问答平台获取科技信息的比例分别为76.3%、65.8%、20.9%、64.8%、17.6%、6.1%、25.2%、23.3%。农村居民利用微信、QQ、微博等社交平台，百度、必应等搜索引擎，新浪、网易、搜狐等门户网站，抖音、快手等短视频平台，科学网、果壳网等专门科普网站，喜马拉雅等电台广播平台，学习强国等学习教育平台，知乎、百度知道等问答平台获取科技信息的比例分别为 80.9%、62.8%、15.5%、72.3%、17.5%、7.2%、26.0%、17.8%（见图51）。

城镇居民相较农村居民，在百度、必应等搜索引擎，新浪、网易、搜狐

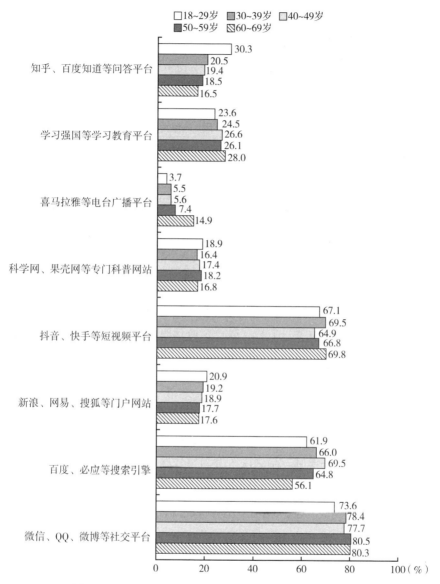

图50　公民通过互联网获取科技信息主要渠道的年龄差异

等门户网站，科学网、果壳网等专门科普网站，知乎、百度知道等问答平台四种网络渠道上的选择比例更高。农村居民相较城镇居民，在微信、QQ、微博等社交平台，抖音、快手等短视频平台，喜马拉雅等电台广播平台，学

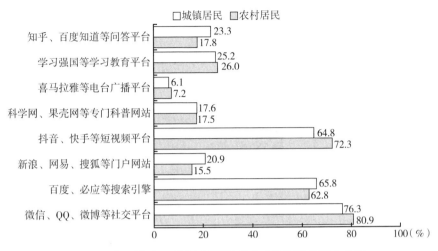

图51 公民通过互联网获取科技信息主要渠道的城乡差异

习强国等学习教育平台四种网络渠道上的选择比例更高。城镇居民与农村居民通过抖音、快手等短视频平台获取科技信息的比例差距最大，城镇居民为64.8%，农村居民为72.3%，差距达7.5个百分点。

（4）文化程度差异

从文化程度来看，大学本科及以上学历公民利用微信、QQ、微博等社交平台，百度、必应等搜索引擎，新浪、网易、搜狐等门户网站，抖音、快手等短视频平台，科学网、果壳网等专门科普网站，喜马拉雅等电台广播平台，学习强国等学习教育平台，知乎、百度知道等问答平台获取科技信息的比例分别为65.5%、62.8%、26.8%、44.6%、26.0%、5.4%、32.5%、36.4%。大学专科学历公民利用微信、QQ、微博等社交平台，百度、必应等搜索引擎，新浪、网易、搜狐等门户网站，抖音、快手等短视频平台，科学网、果壳网等专门科普网站，喜马拉雅等电台广播平台，学习强国等学习教育平台，知乎、百度知道等问答平台获取科技信息的比例分别为70.9%、63.1%、23.3%、62.5%、19.4%、4.8%、28.8%、27.2%。高中（中专、技校）学历公民利用微信、QQ、微博等社交平台，百度、必应等搜索引擎，新浪、网易、搜狐等门户网站，抖音、快手等短视频平台，科学网、果壳网等专门科普网站，喜马拉雅等电台广播平台，学习强国等学习教育平台，知乎、百度知道等问答平台获取科技信息的比例分别为 77.8%、67.5%、20.5%、66.5%、17.0%、4.8%、25.9%、20.0%。初中学历公民利用微信、QQ、微博等社交平台，百度、必应等搜索引擎，新浪、网易、搜狐等门户网站，抖音、快手等短视频平台，科学网、果壳网等专门科普网站，喜马拉雅等电台广播平台，学习强国等学习教育平台，知乎、百度知道等问答平台获取科技信息的比例分别为 82.0%、66.7%、16.3%、72.4%、15.6%、6.0%、23.4%、17.6%。小学及以下学历公民利用微信、QQ、微博等社交平台，百度、必应等搜索引擎，新浪、网易、搜狐等门户网站，抖音、快手等短视频平台，科学网、果壳网等专门科普网站，喜马拉雅等电台广播平台，学习强国等学习教育平台，知乎、百度知道等问答平台获取科技信息的比例分别为 82.6%、56.5%、14.2%、78.5%、15.6%、13.9%、21.9%、16.8%（见图52）。

分析不同学历公民选择同一种网络渠道的情况，可以发现，小学及以下学历公民选择百度、必应等搜索引擎和知乎、百度知道等问答平台等的比例明显低于其他学历公民；选择抖音、快手等短视频平台的比例明显高于其他学历公民。大学本科及以上公民选择微信、QQ、微博等社交平台和抖音、快手等短视频平台的比例明显低于其他学历公民；选择新浪、网易、搜狐等门户网站，科学网、果壳网等专门科普网站和知乎、百度知道等问答平台的比例明显高于其他学历公民。大学本科及以上公民通过网络渠道获取科技信息更偏向于科学专业的渠道。

（5）地区差异

从地区来看，东部地区公民利用微信、QQ、微博等社交平台，百度、必应等搜索引擎，新浪、网易、搜狐等门户网站，抖音、快手等短视频平台，科学网、果壳网等专门科普网站，喜马拉雅等电台广播平台，学习强国等学习教育平台，知乎、百度知道等问答平台获取科技信息的比例分别为 79.3%、66.1%、21.0%、65.4%、16.3%、6.4%、24.7%、20.8%。中部地区公民利用微信、QQ、微博等社交平台，百度、必应等搜索引擎，新浪、

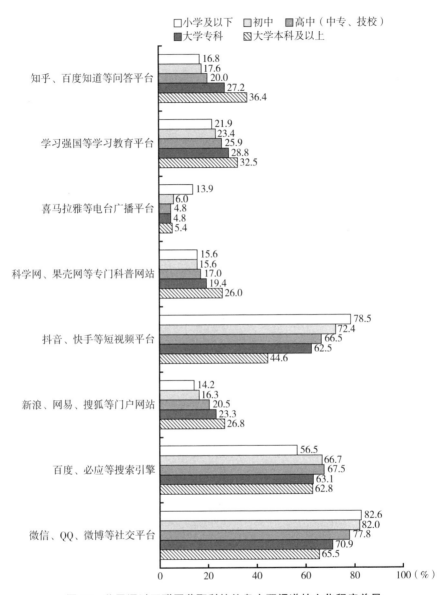

图52　公民通过互联网获取科技信息主要渠道的文化程度差异

网易、搜狐等门户网站，抖音、快手等短视频平台，科学网、果壳网等专门
科普网站，喜马拉雅等电台广播平台，学习强国等学习教育平台，知乎、百
度知道等问答平台获取科技信息的比例分别为76.1%、64.8%、16.7%、

68.8%、17.4%、6.3%、27.9%、22.0%。西部地区公民利用微信、QQ、微博等社交平台，百度、必应等搜索引擎，新浪、网易、搜狐等门户网站，抖音、快手等短视频平台，科学网、果壳网等专门科普网站，喜马拉雅等电台广播平台，学习强国等学习教育平台，知乎、百度知道等问答平台获取科技信息的比例分别为 77.9%、62.6%、18.5%、69.1%、20.1%、6.9%、23.8%、21.1%（见图53）。

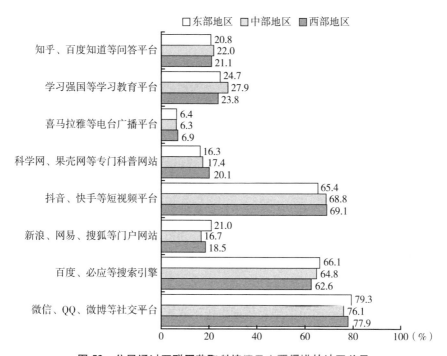

图53 公民通过互联网获取科技信息主要渠道的地区差异

在通过互联网获取科技信息主要渠道的地区分布上，除了百度、必应等搜索引擎外，其他渠道并没有呈现传统的东部地区、中部地区、西部地区依次下降的情况。在抖音、快手等短视频平台，科学网、果壳网等专门科普网站，喜马拉雅等电台广播平台三种渠道中，西部地区的选择比例最高。在学习强国等学习教育平台，知乎、百度知道等问答平台两种渠道中，中部地区的选择比例最高。在微信、QQ、微博等社交平台，新浪、网易、搜狐等门户网站两种渠道中，虽然是东部地区的选择比例最高，但是西部地区的选择比例要高于中部地区。

（6）重点人群差异

从重点人群来看，领导干部和公务员利用微信、QQ、微博等社交平台，百度、必应等搜索引擎，新浪、网易、搜狐等门户网站，抖音、快手等短视频平台，科学网、果壳网等专门科普网站，喜马拉雅等电台广播平台，学习强国等学习教育平台，知乎、百度知道等问答平台获取科技信息的比例分别为 63.7%、65.3%、28.3%、38.9%、25.7%、4.9%、46.1%、27.1%。产业工人利用微信、QQ、微博等社交平台，百度、必应等搜索引擎，新浪、网易、搜狐等门户网站，抖音、快手等短视频平台，科学网、果壳网等专门科普网站，喜马拉雅等电台广播平台，学习强国等学习教育平台，知乎、百度知道等问答平台获取科技信息的比例分别为 73.2%、68.6%、23.5%、63.1%、19.7%、5.7%、22.2%、24.0%。农民利用微信、QQ、微博等社交平台，百度、必应等搜索引擎，新浪、网易、搜狐等门户网站，抖音、快手等短视频平台，科学网、果壳网等专门科普网站，喜马拉雅等电台广播平台，学习强国等学习教育平台，知乎、百度知道等问答平台获取科技信息的比例分别为 81.6%、65.0%、14.9%、73.2%、16.6%、6.4%、25.2%、17.1%。老年人利用微信、QQ、微博等社交平台，百度、必应等搜索引擎，新浪、网易、搜狐等门户网站，抖音、快手等短视频平台，科学网、果壳网等专门科普网站，喜马拉雅等电台广播平台，学习强国等学习教育平台，知乎、百度知道等问答平台获取科技信息的比例分别为 80.3%、56.0%、17.7%、69.7%、16.8%、14.9%、28.0%、16.6%（见图 54）。

在新浪、网易、搜狐等门户网站，科学网、果壳网等专门科普网站，学习强国等学习教育平台，知乎、百度知道等问答平台四种渠道中，领导干部和公务员的选择比例最高。在百度、必应等搜索引擎渠道中，产业工人的选择比例最高。在微信、QQ、微博等社交平台，抖音、快手等短视频平台两种渠道中，农民的选择比例最高。在喜马拉雅等电台广播平台渠道中，老年人的选择比例最高。

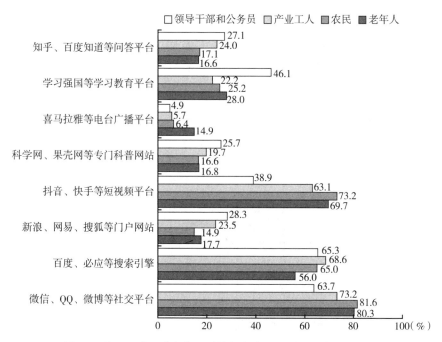

图 54 公民通过互联网获取科技信息主要渠道的重点人群差异

（7）收入差异

不同收入公民通过互联网渠道获取科技信息呈现较强的差异性。收入在
2 万元以下的公民，偏向于通过微信、QQ、微博等社交平台（82.0%），抖
音、快手等短视频平台（73.9%）获取科技信息，较少通过新浪、网易、
搜狐等门户网站（15.0%），喜马拉雅等电台广播平台（8.1%）获取科技
信息。收入在 2 万~6 万元的公民，偏向于通过微信、QQ、微博等社交平台
（79.7%），抖音、快手等短视频平台（69.0%）获取科技信息，较少通过
科学网、果壳网等专门科普网站（16.3%），喜马拉雅等电台广播平台
（6.2%）获取科技信息。收入在 6 万~12 万元的公民，偏向于通过微信、
QQ、微博等社交平台（73.7%），百度、必应等搜索引擎（66.8%）获取科
技信息，较少通过科学网、果壳网等专门科普网站（19.1%），喜马拉雅等
电台广播平台（5.8%）获取科技信息。收入在 12 万~24 万元的公民，偏向
于通过微信、QQ、微博等社交平台（67.6%），百度、必应等搜索引擎

（65.2%）获取科技信息，较少通过学习强国等学习教育平台（24.5%），喜马拉雅等电台广播平台（4.5%）获取科技信息。收入在24万元及以上的公民，偏向于通过微信、QQ、微博等社交平台（69.5%），百度、必应等搜索引擎（66.2%）获取科技信息，较少通过学习强国等学习教育平台（19.3%），喜马拉雅等电台广播平台（6.6%）获取科技信息（见图55）。

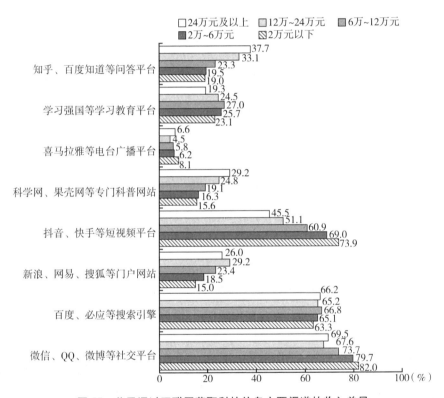

图55 公民通过互联网获取科技信息主要渠道的收入差异

通过科学网、果壳网等专门科普网站，知乎、百度知道等问答平台两种渠道获取科技信息的人群中，收入越高，选择比例越高。通过抖音、快手等短视频平台获取科技信息的人群中，收入越高，选择比例越低。

（8）职业差异

对不同职业公民通过互联网主流渠道获取科技信息的分析如表5所示。

在学习强国等学习教育平台渠道中，党的机关、国家机关、群众团体和社会组织、企事业单位负责人选择比例最高。在百度、必应等搜索引擎，科学网、果壳网等专门科普网站，知乎、百度知道等问答平台三种渠道中，专业技术人员选择比例最高。在抖音、快手等短视频平台，喜马拉雅等电台广播平台两种渠道中，农、林、牧、渔业生产及辅助人员选择比例最高。在微信、QQ、微博等社交平台，新浪、网易、搜狐等门户网站两种渠道中，军人的选择比例最高。

表5　公民通过互联网获取科技信息主要渠道的职业差异

单位：%

渠道 职业	知乎、百度知道等问答平台	学习强国等学习教育平台	喜马拉雅等电台广播平台	科学网、果壳网等专门科普网站	抖音、快手等短视频平台	新浪、网易、搜狐等门户网站	百度、必应等搜索引擎	微信、QQ、微博等社交平台
党的机关、国家机关、群众团体和社会组织、企事业单位负责人	23.0	44.7	4.4	19.4	50.6	26.4	61.9	69.6
专业技术人员	28.5	25.6	5.2	24.8	54.0	23.0	68.0	70.9
办事人员和有关人员	23.5	35.3	4.0	22.4	55.0	25.6	60.8	73.4
社会生产服务和生活服务人员	20.5	23.4	5.4	15.3	69.6	19.9	67.9	78.0
农、林、牧、渔业生产及辅助人员	16.4	26.0	6.9	18.2	69.6	16.9	64.9	80.8
生产制造及有关人员	22.3	22.6	6.1	19.4	64.7	24.5	66.9	73.5
军人	13.0	23.8	2.0	20.7	61.2	30.0	61.6	87.7
不便分类的其他从业人员	23.1	24.1	5.1	14.8	69.4	20.2	64.6	78.7

（四）公民利用科普设施的情况

1.公民利用科普设施的情况

科普设施是进行科普宣传和教育、开展科普工作的主要阵地和为公众提供科普服务的重要平台。"十三五"规划纲要提出，要构建现代公共文化服务体系；《"十三五"国家科普和创新文化建设规划》明确了"形成门类齐全、布局合理、特色鲜明的科普基础设施体系"的发展目标。科普设施的发展和完善对于满足全民多层次的科普需求、提高全民科学素质、推动科普公共服务公平普惠意义重大。

2022年调查显示，过去一年，公民利用科普设施，提高自身科学素质的机会较多。如图56所示，公民参观过的各类科普场馆按比例高低依次为：动物园、水族馆、植物园（52.3%），公共图书馆（48.4%），文化馆、文化中心（44.0%），自然历史博物馆（36.2%），科技馆等科技类场馆（36.1%），科普画廊、科普活动室等社区基础科普设施（34.4%），流动科技场馆（18.6%），高校、科研院所实验室（9.2%）。

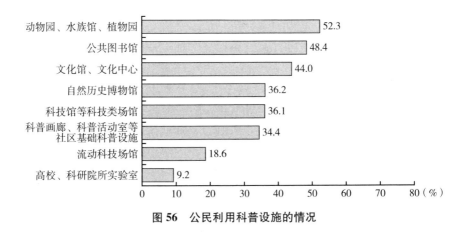

图56 公民利用科普设施的情况

为更好地反映公民利用科普设施的动态性，本报告将2022年调查结果与2020年调查结果进行比较。需要说明的是，年度比较虽然可以较好地呈现变化情况，但单一指标的比较依赖于指标测量的稳定性。与2020年问卷相比，2022 年在问卷设计阶段，基于我国科普基础设施发展和公民利用科普设施的现实情况，对"科普场所"这一指标进行了相应的修订，新增"文化馆、文化中心"和"科普画廊、科普活动室等社区基础科普设施"两个选项，这导致该调查结果较难与此前的调查结果直接比较。此外，年度比较建立在外部环境相对稳定的基础之上，本报告关注的"公民利用科普设施"作为一项公共活动，在过去一年受到疫情的影响，这也给年度比较带来了挑战。综上，本报告在年度比较中以位序代替绝对数值，以反映公民利用科普设施情况的年度变化。

2022 年调查结果显示，与 2020 年相比，动物园、水族馆、植物园，公共图书馆，依然是我国公民参与率最高的科普设施类型。其中，公民利用动物园、水族馆、植物园的比例最高，达到 52.3%，公民利用公共图书馆的比例达到 48.4%。自然历史博物馆，科技馆等科技类场馆仍然是我国公民经常参与的科普基础设施，在过去一年中参与比例达到 35% 以上。

尽管科技类场馆的使用比例相较于动物园、水族馆、植物园和公共图书馆等文化设施相对较低，但考虑到不同设施之间的数量差异，科技类场馆在服务公众参与科普活动方面发挥了较好的效能。根据《中华人民共和国文化和旅游部 2021 年文化和旅游发展统计公报》的统计，2021 年末，全国共有公共图书馆 3215 个；《2021 年度全国博物馆名录》显示，2021 年全国备案博物馆达 6183 家。相比之下，《中国科普统计（2022 年版）》显示，2021 年全国共有科技馆和科学技术类博物馆仅 1677 个。此外，中国科协自 2012 年以来不断推进中国特色现代科技馆体系建设，将实体科技馆、科普大篷车、流动科技馆、农村中学科技馆等不同形式的科技馆项目相互配合实施，建立上下联动机制，充分发挥整体效能，以更好地为公众提供科普服务，助力实现公众科学素质的跨越式发展。"十三五"期间，科技馆体系建设总体态势良好。实体科技馆基础设施建设能力不断提升，流动科普设施开拓发展，推动科技馆体系服务覆盖范围逐步扩大。从调查结果看，公民对科技馆等科技类场馆和流动科技场馆的利用率合计达到 54.7%，表明现代科技馆体系建设通过科普服务供给侧改革，更好地满足了公众的科普需求，有效提升了不同形式的科技馆项目的整体效能，为科普基础设施服务于公民科学素质提升作出贡献。

此次调查还新增了文化馆、文化中心和科普画廊、科普活动室等社区基础科普设施，结果显示这两类科普设施是公民经常参与的科普基础设施。其中，文化馆、文化中心的参与比例位列所有科普设施第三，达到 44.0%，可见该类型科普基础设施相对有效地服务于公民的科普需求，是不容忽视的科普设施；科普画廊、科普活动室等社区基础科普设施相对较高的参与率也显示出依托社区开展科普宣传的潜力，值得注意的是，受教育程度为小学及以下的低学历人群和 50~69 岁的中高年龄段人群对于社区基础科普设施的利用率高于对自然历史博物馆和科技馆等科技类场馆的利用率，这可能得益于社区基础科普设施的建设和运营降低了公众参与科普的知识和时间门槛。

公民对于各类型科普设施的利用率存在差异，可见建设门类齐全、布局合理、特色鲜明的科普基础设施体系的重要意义，进一步凸显出推动科普工作融入经济社会发展各领域各环节，加强协同联动和资源共享的重要性。

2. 不同群体利用科普设施的情况

下文将着重分析公民利用各类科普设施的群体差异。

（1）性别差异

调查显示，公民对于各类型科普基础设施的利用存在性别差异。

从利用比例看，无论是男性公民还是女性公民，动物园、水族馆、植物园均是其最常利用的科普基础设施，男性公民参与比例约 50%，女性公民的参与比例则接近 55%。两性在各种类型科普设施的利用上均存在差异，如图 57 所示。其中，两性在动物园、水族馆、植物园的利用比例上相差最大，达到 4.4 个百分点；在自然历史博物馆的利用比例上相差最小，为 0.7 个百分点。

在利用各类型科普基础设施的偏好方面，女性公民利用各类科普设施的比例排序与总人群一致，表明女性公民的偏好呈现与总人群偏好一致的特征，男性公民利用科技馆等科技类场馆的比例（37.7%）高于其利用自然历史博物馆的比例（36.5%）。与男性公民相比，女性公民常利用的科普设施更为集中于动物园、水族馆、植物园，公共图书馆以及文化馆、文化中心，对这三类科普设施的利用比例明显高于其他类型的科普设施。进一步的方差计算显

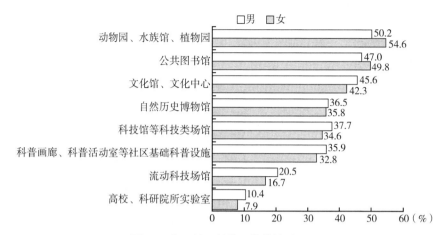

图57　公民利用科普设施的性别差异

示，女性公民对各类型科普设施利用比例的方差高于男性公民，表明女性公民利用不同类型科普设施的差异更大。除了上述三类最常利用的科普设施外，男性公民在自然历史博物馆、科技馆等科技类场馆，以及科普画廊、科普活动室等社区基础科普设施中表现出比女性公民更多的参与行为。

两性在科普设施利用方面的差异，表明科普设施的完善可以进一步考虑不同性别的科普需求，有针对性地提升不同性别人群参与利用科普设施的意愿和行为。

（2）年龄差异

调查显示，公民对于各类科普基础设施的利用存在年龄差异。

从利用比例看，在各种类型的科普设施中，除两类新增科普设施外，均呈现随着年龄段提升而利用比例逐渐下降的趋势，如图58所示。18~29岁人群对于各类科普设施的利用最为活跃，30~39岁、40~49岁人群较为活跃，18~29岁和30~39岁人群对各类科普设施的利用比例均高于总人群均值；40~49岁人群对动物园、水族馆、植物园和高校、科研院所实验室这两类科普设施的利用比例低于总人群均值。50~59岁和60~69岁人群对各类科普设施的利用比例均低于总人群均值，50~59岁人群除了对动物园、水族馆、植物园的利用比例略高于40%外，对其他类型科普设施的利用比例均不足 40%；60~69 岁人群对各类科普设施的利用比例最低，除动物园、水族馆、植物园外，对其他类型科普设施的利用比例均低于 30%。

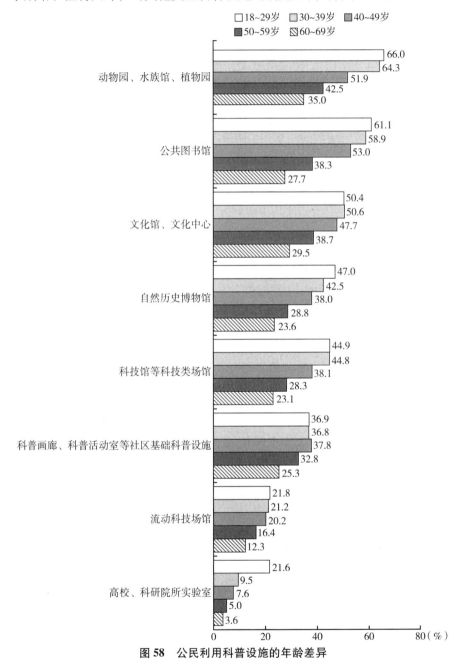

图 58　公民利用科普设施的年龄差异

在利用各类型科普基础设施的偏好上，18~29 岁人群对科普设施的利用偏好与总人群偏好一致，尽管对高校、科研院所实验室的利用比例与其他类型科普设施相比较低，但依然远高于其他人群；30~39 岁和 40~49 岁人群对于科技馆等科技类场馆的利用比例高于自然历史博物馆，其中 30~39 岁人群利用科技馆等科技类场馆的比例为 44.8%，利用自然历史博物馆的比例为 42.5%，40~49 岁人群对科技馆等科技类场馆和自然历史博物馆的利用比例则分别为 38.1% 和 38.0%，可见科技类场馆在 30~39 岁和 40~49 岁人群中有较好的吸引力。与总人群偏好相比，50~59 岁和 60~69 岁人群对于文化馆、文化中心的利用比例高于其对公共图书馆的利用比例，且差异更小：总人群对公共图书馆的利用比例（48.4%）高于对文化馆、文化中心的利用比例（44.0%），差异达到 4.4 个百分点；50~59 岁人群对文化馆、文化中心的利用比例（38.7%）略高于其对公共图书馆的利用比例（38.3%），60~69 岁人群对文化馆、文化中心的利用比例（29.5%）较明显地高于其对公共图书馆的利用比例（27.7%），表明文化馆、文化中心的建设较好地服务于这两类年龄段人群参与科普活动。这两个年龄段对科普画廊、科普活动室等社区基础科普设施的利用比例在所有类型中排第四位，高于其对自然历史博物馆和科技馆等科技类场馆的利用比例，表明社区基础科普设施的建设和完善对于 50~59 岁和 60~69 岁人群参与科普活动，提升科学素养具有较为重要的意义。

不同年龄段在科普设施利用方面的差异，对进一步完善科普设施，促进公共文化服务均等化提出了更高的要求。

（3）文化程度差异

调查显示，不同文化程度的公民对于各类科普基础设施的利用情况存在较为明显的差异。

从利用比例看，在不同类型科普设施中，均呈现随着受教育程度提升，利用比例逐渐升高的趋势，如图 59 所示。受教育程度在高中（中专、技校）及以上的人群对各类科普设施的利用比例均高于总人群均值，受教育程度为初中、小学及以下的人群对各类科普设施的利用比例均低于总人群均值，其中受教育程度在小学及以下的人群利用各类科普设施的比例均低于 30%。

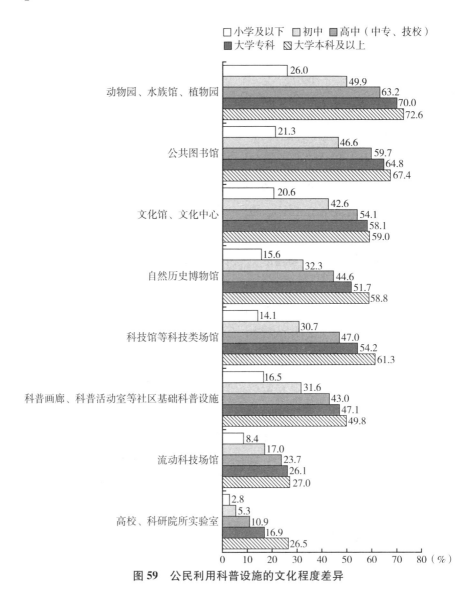

图 59　公民利用科普设施的文化程度差异

　　在利用各类型科普基础设施的偏好上，小学及以下人群对于科普画廊、科普活动室等社区基础科普设施的利用比例（16.5%），高于其对自然历史博物馆（15.6%）和科技馆等科技类场馆（14.1%）的利用比例；初中人群对于科普画廊、科普活动室等社区基础科普设施的利用比例（31.6%），高于其对科技馆等科技类场馆的利用比例（30.7%），表明这两类人群更常通过社区基础科普设施参与科普活动。高中（中专、技校）、大学专科和大学本科及以上人群对科技馆等科技类场馆的利用比例均高于自然历史博物馆；大学专科和大学本科及以上人群在流动科技场馆以及高校、科研院所实验室的利用比例上呈现"双高"的特征，其中大学本科及以上人群对这两类设施的利用比例基本持平，对高校、科研院所实验室的利用比例明显高于其他人群。

不同受教育程度公民在科普设施利用方面的差异，表明科普设施的丰富和完善对于促进不同受教育程度人群参与科普活动、提升科学素养具有积极意义。对于受教育程度较低的公民，应通过科普画廊、科普活动室等社区基础科普设施，开展其喜闻乐见的、知识门槛较低的科普活动，丰富其科学文化生活；科技馆等科技类场馆的建设和完善也应考虑到公民的文化程度差异，面向不同受教育程度人群组织开展多元化的科普活动。

（4）职业差异

调查显示，不同职业公民对于各类科普基础设施的利用情况存在较明显的差异（见表6）。需要说明的是，本调查仅收集了年龄不高于60岁的公民的职业状况。不同职业公民对各类科普设施的利用率普遍较高，但农、林、牧、渔业生产及辅助人员对多数科普设施的利用比例仍然低于总人群均值，表明该类型职业的公民，即使年龄在60岁以下，对各类科普设施的利用率也普遍不高。

表6　公民利用科普设施的职业差异

单位：%

场馆 职业	动物园、水族馆、植物园	公共图书馆	文化馆、文化中心	自然历史博物馆	科技馆等科技类场馆	科普画廊、科普活动室等社区基础科普设施	流动科技场馆	高校、科研院所实验室
党的机关、国家机关、群众团体和社会组织、企事业单位负责人	69.4	67.6	65.2	58.8	60.2	56.2	32.1	22.5

续表

场馆 职业	动物园、水族馆、植物园	公共图书馆	文化馆、文化中心	自然历史博物馆	科技馆等科技类场馆	科普画廊、科普活动室等社区基础科普设施	流动科技场馆	高校、科研院所实验室
专业技术人员	67.1	60.8	55.0	50.2	51.4	41.8	24.8	18.8
办事人员和有关人员	72.0	68.5	61.7	55.3	60.5	54.0	26.8	14.4
社会生产服务和生活服务人员	62.7	57.8	51.6	42.3	43.0	41.2	21.5	9.4
农、林、牧、渔业生产及辅助人员	46.8	45.7	46.0	32.1	31.6	33.9	20.0	7.0
生产制造及有关人员	62.6	54.7	50.9	44.5	42.7	37.4	22.6	9.6
军人	65.2	62.9	56.5	41.8	38.7	45.4	26.4	21.4
不便分类的其他从业人员	60.7	57.7	51.2	42.6	42.3	38.9	21.7	9.3

在利用各类型科普基础设施的偏好上，党的机关、国家机关、群众团体和社会组织、企事业单位负责人，专业技术人员，办事人员和有关人员，社会生产服务和生活服务人员对科技馆等科技类场馆的利用比例高于对自然历史博物馆的利用比例，其中办事人员和有关人员利用科技馆等科技类场馆的比例最高，达到60.5%，比自然历史博物馆的利用比例高5.2个百分点。表明这四类人群与其他职业人群相比，更常利用科技馆等科技类场馆参与科普活动。农、林、牧、渔业生产及辅助人员，生产制造及有关人员，军人和不便分类的其他从业人员则表现出与总人群均值一致的特征，其中农、林、牧、渔业生产及辅助人员对动物园、水族馆、植物园，公共图书馆和文化

馆、文化中心这三类科普设施的利用比例基本持平；军人对高校、科研院所实验室的利用比例偏高。在不考虑流动科技场馆和高校、科研院所实验室这两类各人群参与程度普遍较低的科普设施外，党的机关、国家机关、群众团体和社会组织、企事业单位负责人对其他六类科普设施利用比例的方差最小，表明该职业群体广泛利用各类科普设施参与科普活动，提升科学素养。

不同职业公民在科普设施利用方面存在差异，有条件的企事业单位、社会团体可以因地制宜建设具有产业、领域或学科特色的专题科普设施，满足各职业群体的科普需求；此外，企事业单位、社会团体还可以组织集体性的参观游览、主题学习等活动，激发在职公民使用科普设施、参与科普活动的积极性；不同职业的个体也可以更广泛地了解、利用各种类型的科普设施，积极参与科普活动，提升自身科学素质。

（5）重点人群差异

调查显示，重点人群对于各类科普基础设施的利用情况存在明显差异。

从利用比例看，在各种类型科普设施的利用中，均呈现领导干部和公务员最高，产业工人次之，农民群体较低，老年人群体最低的趋势，如图60所示。领导干部和公务员、产业工人利用各类科普设施的比例均高于总人群均值，农民和老年人群体的利用比例均低于总人群均值。

在利用各类型科普基础设施的偏好上，农民表现出与总人群一致的偏好，领导干部和公务员、产业工人对科技馆等科技类场馆的利用比例高于自然历史博物馆。其中，领导干部和公务员利用科技馆等科技类场馆的比例（63.9%）明显高于自然历史博物馆（58.9%），产业工人对这两类场馆的利用比例则基本持平，分别为45.2%、44.8%。在不考虑流动科技场馆和高校、科研院所实验室这两类各人群参与程度普遍较低的科普设施外，领导干部和公务员对其他六类科普设施利用比例的方差仅次于老年人，考虑到老年人普遍较低的利用率，这表明领导干部和公务员广泛利用各类科普设施参与科普活动。老年人对文化馆、文化中心的利用比例（29.5%）高于公共图书馆（27.7%），对科普画廊、科普活动室等社区基础科普设施的利用比例（25.3%）高于自然历史博物馆（23.6%）和科技馆等科技类场馆

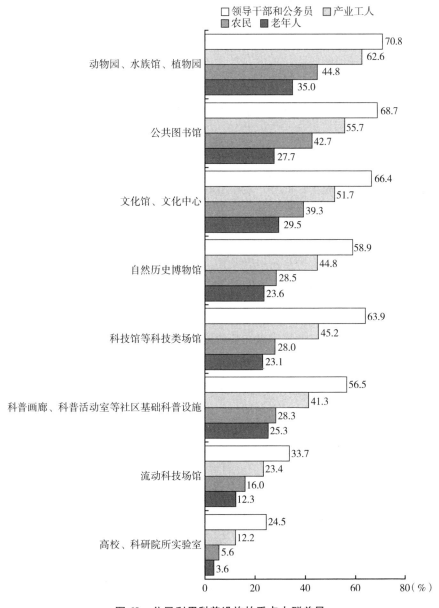

图60　公民利用科普设施的重点人群差异

（23.1%）。老年人对文化馆、文化中心和社区基础科普设施相对较高的利
用率，凸显了这两类科普设施建设的积极影响，未来这两类科普设施可以更

好地发挥服务老年人群科学素质提升的功能，例如定期更新科普宣传资料、有针对性地开展面向老年人群的科普专题活动，丰富老年人群的精神文化生活，促进老年人科学素养的提升。

重点人群在科普设施利用方面的差异，表明随着科普工作对象转向全体公民，科普基础设施的建设和发展应更注重多元化，以满足不同人群的需求；针对不同重点人群，可以有的放矢地引导其知晓、利用与其知识能力结构相匹配、便捷可及的科普设施，参与科普活动，从而提升科学素养。

（6）城乡差异

调查显示，公民对于各类型科普基础设施的利用情况存在城乡差异。

从利用比例看，城乡居民对不同类型科普设施的利用比例均存在差异，城镇居民对于各类科普设施的利用比例均高于农村居民，如图61所示。其中，城乡居民在科技馆等科技类场馆的利用比例上相差最大，差值高达19.9个百分点，城镇居民利用科技类场馆的比例达到44.0%，而农村居民利用科技类场馆的比例较低，仅为24.1%。城乡居民在高校、科研院所实验室和流动科技场馆的利用比例上相差较小，分别为5.0个百分点和7.0个百分点，考虑到高校、科研院所实验室普遍较低的利用率，城乡居民在流动

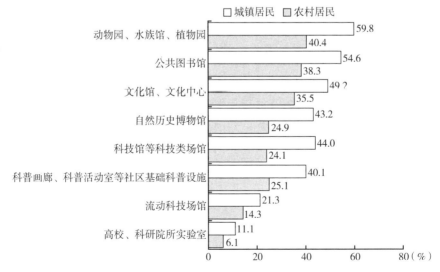

图 61　公民利用科普设施的城乡差异

科技场馆利用方面明显较小的差异，表明流动科技场馆具有较好的普惠性。针对实体科技馆覆盖不到的地方，流动科技馆可以发挥流动科普的特点优势，拓宽科普服务阵地，满足公众科普需求。"十三五"期间，流动科技馆巡展 3029 站，服务公众 9269 万人次；流动科技场馆的主要载体——"科普大篷车"行驶里程 1565 万公里，活动次数 11.4 万次，服务公众 9610 万人次，较好地弥补了乡镇农村科普基础设施和科普公共服务的短板。

在利用各类型科普基础设施的偏好方面，城镇居民对科技馆等科技类场馆的利用比例略高于自然历史博物馆，分别为 44.0% 和 43.2%，对科普画廊、科普活动室等社区基础科普设施的利用比例低于前两者，为 40.1%。农村居民利用科普画廊、科普活动室等社区基础科普设施的比例高于其对自然历史博物馆和科技馆等科技类场馆的利用比例，分别为 25.1%、24.9% 和 24.1%，表明城镇居民较多利用科技类场馆和博物馆，农村居民则较多利用社区基础科普设施。

综上，社区基础科普设施在农村居民科普设施利用排序中较靠前，城乡居民在流动科技场馆的利用比例上相差较小，表明社区基础科普设施和流动科技场馆较好地服务于农村居民的科普需求。随着我国互联网基础设施建设，尤其是农村网络基础设施建设的不断完善，科技馆、自然历史博物馆等场馆可以积极探索数字科技馆建设，提升线上服务能力，扩大服务人群范围，提升服务效能。

（7）地区差异

调查显示，公民对于各类科普基础设施的利用存在地区差异。

从利用比例看，东部地区公民利用各类科普基础设施的比例均高于中部地区和西部地区公民，并高于总人群均值。中部和西部地区较为接近，中部地区略高，且接近总人群均值，如图 62 所示。东部地区与中部地区，东部地区与西部地区以及中部地区与西部地区，对于各类科普设施的利用比例差异较大的均为动物园、水族馆、植物园和科技馆等科技类场馆；并且，东部地区和西部地区在各类科普设施利用比例上的差值明显更高，这也与西部地区作为科普事业发展相对弱势地区的现实状况相吻合。

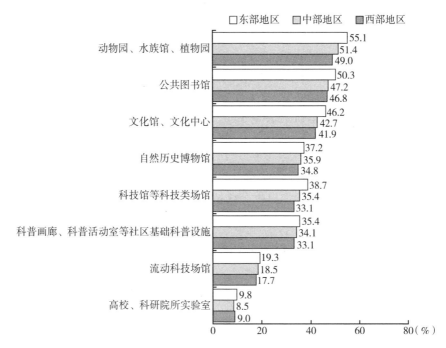

图62 公民利用科普设施的地区差异

　　在利用各类型科普基础设施的偏好方面，中部地区公民的偏好与总人群偏好一致，东部地区对科技馆等科技类场馆的利用比例高于其对自然历史博物馆的利用比例，西部地区对科技馆等科技类场馆的利用比例偏低，与其对科普画廊、科普活动室等社区基础科普设施的利用比例相当；亮眼的是，西部地区对高校、科研院所实验室的利用比例相对较高，且高于中部地区，这可能得益于近年来西部地区大力提升创新发展能力，打造区域创新高地。

　　公民利用科普设施的地区差异，受到地区科普供给能力的影响。科普基础设施建设可以进一步优化布局和结构，推动中、西部地区和地市级科普基础设施建设，缩小地区差距；中、西部科普设施建设相对弱势地区可以立足于发达地区经验，充分挖掘地区特征优势，因地制宜地建设适应需求、各具特色的科普基地；依托大科学工程、大科学装置、国家（重点）实验室、重大科研试验场所等现有国家高端科技资源，建立特色科普基地，面向公众或特定群体开展科普活动，强化科技教育与科普服务的示范、带动作用。

（五）重点人群参与科普活动状况

《科学素质纲要》对重点人群的科学素质行动提出了不同的要求。本部分主要涉及老年人、农民、产业工人、领导干部和公务员四个重点人群。

其中，《科学素质纲要》对老年人的科学素质提升行动提出要求："以提升信息素养和健康素养为重点，提高老年人适应社会发展能力，增强获得感、幸福感、安全感，实现老有所乐、老有所学、老有所为。"对农民的科学素质提升行动提出要求："以提升科技文化素质为重点，提高农民文明生活、科学生产、科学经营能力，造就一支适应农业农村现代化发展要求的高素质农民队伍，加快推进乡村全面振兴。"对产业工人的科学素质提升行动提出要求："以提升技能素质为重点，提高产业工人职业技能和创新能力，打造一支有理想守信念、懂技术会创新、敢担当讲奉献的高素质产业工人队伍，更好服务制造强国、质量强国和现代化经济体系建设。"对领导干部和公务员的科学素质提升行动提出要求："进一步强化领导干部和公务员对科教兴国、创新驱动发展等战略的认识，提高科学决策能力，树立科学执政理念，增强推进国家治理体系和治理能力现代化的本领，更好服务党和国家事业发展。"

2022年调查结果显示，在实施重点人群科学素质提升行动中，老年人参与健康科普活动占比更大、获得感更高，相对其他科普活动的参与积极性更高，但总体参与率仍然偏低，城乡老年人未能参与的原因不同；农民参与农民职业技能培训的积极性较高，但参与率偏低，且男女差异较大；产业工人参加职业技能培训占比超过半数，呈现参与率、获得感双高的特征，但50~59岁年龄段产业工人参与率相对较低；领导干部和公务员参与各类科普活动比较均衡，但参与积极性有限。以上情况表明，各类重点人群参与的科普活动与取得的收获之间呈现不同特点：农民、老年人科普活动参与积极性相对较高但总体参与率偏低，产业工人参与科普活动的积极性和获得感均较高，领导干部和公务员参与度高而参与意愿相对较低。总体来看，重点人群科学素质提升行动有效推动各类重点人群践行社会主义核心价值观、弘扬科学精神、加强理性思维，为实现社会主义现代化和新质生产力高质量发展提供了有力保障。然而，如何提高各类人群参加科普活动的积极性和提升不同人群的科学素质，仍有较大发展空间。

下面就四个人群 2022 年度参与科普活动的状况进行具体分析。

1. 老年人参与科普活动状况

根据《科学素质纲要》要求，本次调查针对老年人一共设置了 12 道问题，包含老年人参与健康讲座宣传活动情况、参与智能手机培训情况、参加教育组织情况、参加养老机构情况、参加老年社团情况五个方面。2022 年调查显示，老年人对健康讲座宣传活动的参与率比其他活动相对较高，参加智能手机培训的收获程度较高。

（1）参与健康讲座宣传活动情况

被调查的老年人群在过去一年中，参加过健康大讲堂、健康宣传周等活动的占比 26.6%，没参加过的占比 73.4%，明显高于参加过的人群。

在参加过健康大讲堂、健康宣传周等活动的老年人中，偶尔参加（1~3 次）、经常参加（4~10 次）、参加过多次（10 次以上）的比例分别为 75.4%、19.1% 和 5.5%，偶尔参加此类活动的老年人占大多数（见图 63）。参加过此类活动的老年人认为参加此类活动"有一定收获"的占参

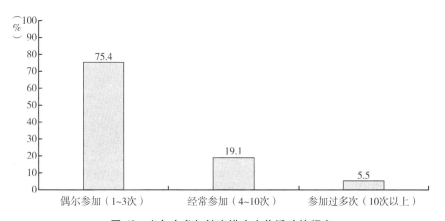

图 63　老年人参加健康讲座宣传活动的频率

加活动老年人总数的 57.5%，占比最高，参加该活动的老年人认为"有很大收获""收获很小""没有收获"的占比分别为 23.8%、12.1%、6.6%（见图 64）。

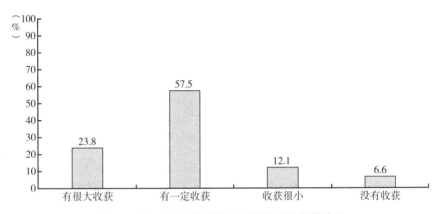

图 64　老年人参加健康讲座宣传活动的收获情况

没有参加过健康大讲堂、健康宣传周等活动的老年人因为"没有时间参加"的占比最高为 30.1%，因为"家附近没有""不感兴趣""不知道活动的具体信息""其他"的占比分别为 27.4%、21.0%、16.7%、4.8%（见图 65）。

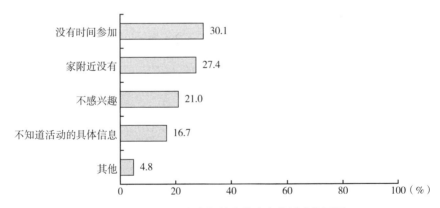

图 65　老年人没有参加健康讲座宣传活动的原因

对此，城乡不同地区老年人没有参加此类科普活动的原因差别较大，城市老年人除"不感兴趣"的占比高于农村老年人，其他没有参加此类科普活动的原因占比均低于农村老年人。城市老年人未参加科普活动主要是因为"没有时间参加"（28.4%），农村老年人主要是因为"家附近没有"（32.6%），高于城市老年人（22.5%）10.1个百分点，城市老年人"不感兴趣"（26.7%）的比例高于农村老年人（15.0%）11.7个百分点（见图66）。

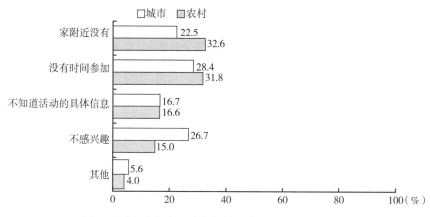

图66　城乡老年人没有参加健康讲座宣传活动的原因

（2）参与智能手机培训情况

在过去一年中，参加过智能手机等设备培训活动的老年人仅占被调查老年人整体的8.0%，有92.0%的老年人没有参加过此类培训。在参加过此类培训的老年人群中，选择偶尔参加（1~3次）的占多数（78.9%），经常参加（4~10次）和参加过多次（10次以上）的占比则分别为15.4%和5.7%（见图67）。

参加过此类活动的老年人认为"有一定收获"的占52.7%，占比最高，参加该活动的老年人认为"有很大收获""收获很小""没有收获"的占比分别为28.0%、11.3%、8.0%（见图68）。

没有参加过智能手机等设备培训活动的老年人，因为"家附近没有"此类活动的占比最高为27.7%，因为"没有时间参加""不感兴趣""不知

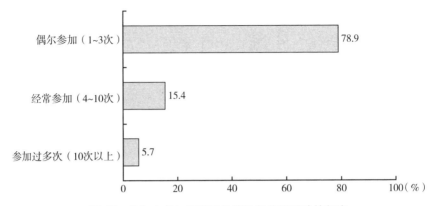

图 67　老年人参加智能手机等设备培训活动的频率

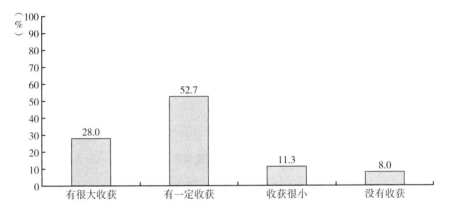

图 68　老年人参加智能手机等设备培训活动的收获情况

道活动的具体信息""其他"的占比分别为 26.3%、21.9%、17.8%、6.3%（见图 69）。

（3）参加教育组织情况

被调查的老年人中参加过老年大学、社区科普大学等教育组织的占比为 10.4%，没有参加过和没听说过的老年人分别占比 73.1% 和 16.5%（见图 70）。

在参加过此类组织的老年人中，认为对自身帮助最大的是"了解政策和社会信息"，占比最高为 34.8%，认为"提升素养和技能""解决生活中的实际问题""提供交流和施展才能的机会""没有帮助"的占比分别为 24.2%、23.3%、11.8%、5.9%（见图 71）。

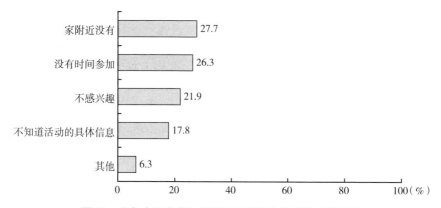

图 69 老年人没有参加智能手机等设备培训活动的原因

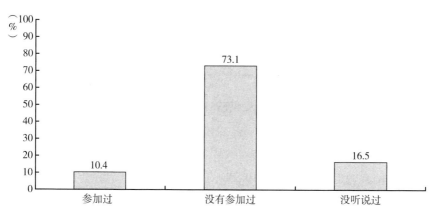

图 70 老年人参加老年大学、社区科普大学等教育组织的情况

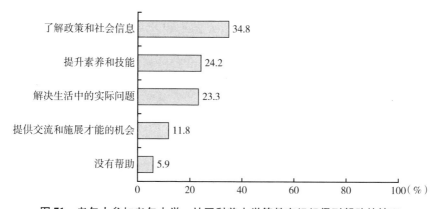

图 71 老年人参加老年大学、社区科普大学等教育组织得到帮助的情况

（4）参加养老机构情况

在被调查的老年人中，有 14.6% 的人接受过疗养院、日间照料中心和社区卫生服务站等养老机构的服务，有 72.3% 的人没有接受过服务，还有 13.1% 的人没有听说过（见图 72）。

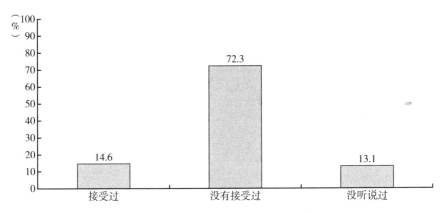

图 72　老年人接受养老机构服务的情况

（5）参加老年社团情况

在被调查的老年人中，有 10.2% 的老人参加过老年协会、老专家科普报告团、老年志愿者队伍等，还有 4.3% 的老人"接受过指导或帮助"，42.2% 的老人"听说过但没有参与"，43.3% 的老人"没听说过"（见图 73）。

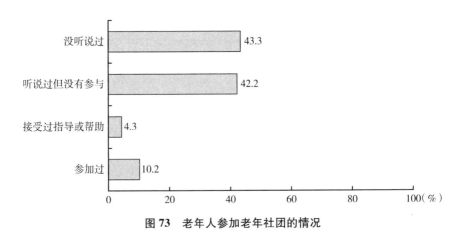

图 73　老年人参加老年社团的情况

（6）主要发现

老年人更注重健康素养提升，参加信息素养活动的获得感更高。调查显示，被调查老年人在参加以提升信息素养和健康素养为重点的智慧助老行动、健康科普服务活动中，积极性、获得感更高。老年人在健康讲座宣传活动（26.6%）方面，比智能手机等设备培训活动（8.0%）和老年大学、社区科普大学等教育组织（10.4%）的参与度要高，表明老年人在参与提升健康素养的科普活动中，更注重增强体质、延长寿命；参加智能手机等设备培训活动的老年人，认为"有很大收获"的占比28.0%，高于参加健康讲座宣传活动的占比（23.8%），表明老年人参加健康素养科普活动积极性更高的同时，对新兴科技产品的使用学习获得感更强。

老年人总体参与度偏低，城乡差异较大。从以上数据来看，目前，我国老年人对提升老年人科学素质的科普活动总体上参与度偏低，各项活动参与率均低于三成。在未参与上述科普活动的老年人中，城乡老年人未参加的原因差异较大。城市老年人主要集中在"没有时间参加"（28.4%）和"不感兴趣"（26.7%）这两个主观因素上；农村老年人主要集中在"家附近没有"（32.6%）这一客观因素上。因此，针对老年人，特别是城市老年人的科普活动，需注重提升老年人信息素养和健康素养的活动内容与老年人生活等更加紧密，提高老年人参与度，活动形式根据"青年老人""中年老人"等不同年龄段老年人和不同身体状况老年人的科普实际需求，推进形式多样化的老年人科学素质提升行动，如上门义诊、定期健康筛查、解答智能设备使用难题等活动，通过紧密结合实际生活的活动普及科学知识。此外，针对农村老年人居住分散、行动不便，科普活动不足的难题，增加分片区、流动性科普活动，从而有助于为农村老年人增加可得性科普资源而提升老年人科学素质。

老年人对银龄科普行动的知晓率和参与率较低。在老年社团活动中，"没听说过"（43.3%）的占比最高，与"听说过但没有参与"（42.2%）的老年人加起来超过八成。这表明老年人力资源开发不足，动员老专家、老年志愿者参与科普活动发挥的作用仍不够。

2. 农民参与科普活动状况

根据《科学素质纲要》要求，本次调查针对农民一共设置了 14 道问题，包含参与教育培训情况、参与农民职业竞赛和职业技能认定活动情况、参加与科技相关的生产活动情况、接受科研机构指导情况、参加农民专业合作组织情况、接受科技服务队伍的指导和帮助情况六个方面。2022 年调查显示，农民参加教育培训活动、参加与科技相关的生产活动的收获程度均较高，选择"非常有用"的农民占比最高。

（1）参与教育培训情况

被调查的农民群体，在过去一年中，参加过教育培训的占比 29.5%，没参加过的占比 70.5%。

其中，在参加过教育培训的农民中，偶尔参加（1~3 次）、经常参加（4~10 次）、参加过多次（10 次以上）的比例分别为 76.3%、17.6% 和 6.1%，偶尔参加此类活动的农民占比最大（见图 74）。参加过此类活动的农民认为参加此类培训非常有用的占比最多为 52.6%，认为比较有用、一般、不太有用、没有用处的农民占比分别为 33.1%、12.6%、1.0%、0.7%（见图 75）。

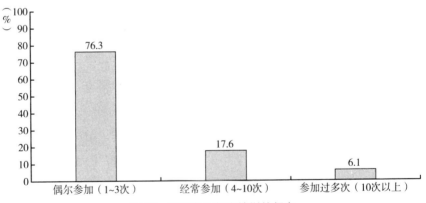

图 74　农民参加教育培训的频率

没有参加此类培训的农民，归因于"没有时间参加""附近没有""不知道活动的具体信息""不感兴趣""其他""培训内容不符合我的需求"

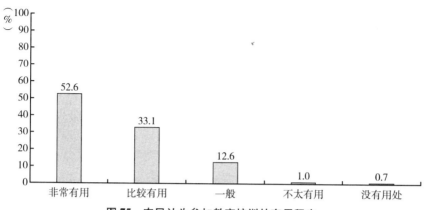

图75 农民认为参加教育培训的有用程度

"费用太贵，负担不起"的占比分别为 29.9%、21.7%、19.9%、12.0%、9.0%、4.9%、2.6%，其中，"没有时间参加"的占比最高（见图76）。

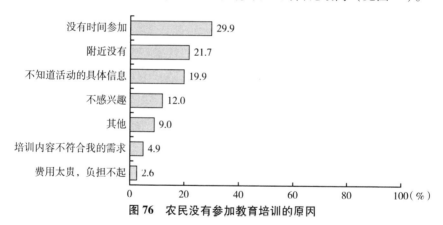

图76 农民没有参加教育培训的原因

（2）参与职业竞赛和职业技能认定活动情况

在被调查的农民群体中，有 12.4% 的农民参加过职业技能、农民科学素质等竞赛，87.6% 的农民没有参加过此类竞赛。

参加过职业技能鉴定或技能等级认定等认证活动的农民占比 14.0%，没有参加过的占比 86.0%。

（3）参加与科技相关的生产活动情况

在过去一年中，参加过与科技相关的学习、考察、展览等，比如全国科普日、科技活动周、食品安全宣传周等的农民占比18.0%，没有参加过的占比82.0%。其中，参加过此类活动的农民中，偶尔参加（1~3次）占比最高为79.5%，经常参加（4~10次）的占比15.6%，参加过多次（10次以上）的占比4.9%（见图77）；这些农民认为非常有用的占比最高为51.0%，认为比较有用、一般、不太有用、没有用处的占比分别为34.7%、12.8%、1.3%、0.2%（见图78）。

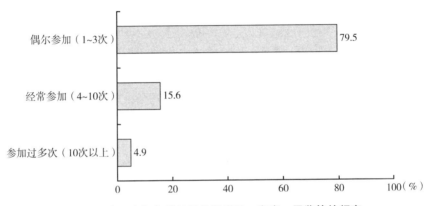

图77　农民参加与科技相关的学习、考察、展览等的频率

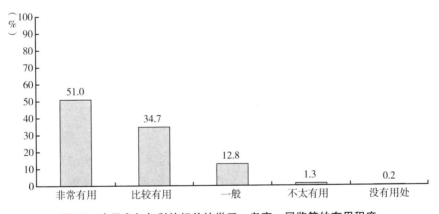

图78　农民参加与科技相关的学习、考察、展览等的有用程度

不同性别农民参加科学素质提升行动的占比差异较大，女性参与度普遍低于男性，在与科技相关的学习、考察、展览等科普活动参与方面，男女占

比差异较为明显。男性农民参加此类活动的占比 21.5%，女性占比 14.1%，男性农民高于女性农民 7.4 个百分点（见图 79）。

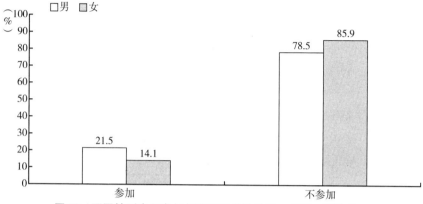

图 79　不同性别农民参加与科技相关的学习、考察、展览情况

（4）接受科研机构指导情况

在被调查的农民中，有 4.9% 的农民接受过国家重点实验室、高校和科研院所实验室等机构的指导和帮助，分别有 69.6% 和 25.5% 的农民没有接受过、没听说过此类科研机构的指导和帮助（见图 80）。

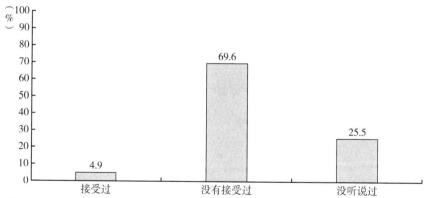

图 80　农民接受国家重点实验室、高校和科研院所实验室等机构的指导和帮助情况

（5）参加农民专业合作组织情况

在被调查者中，有 7.3% 的农民参加过专业协会、专业联合会等农民专业合作组织，有 8.0% 的农民接受过指导或帮助，43.4% 的农民听说过但没有参与过，41.3% 的农民没听说过（见图 81）。

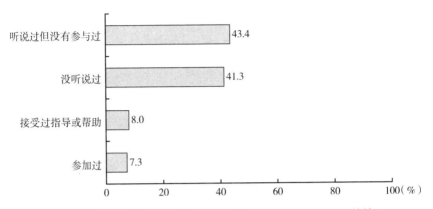

图 81　农民参加专业协会、专业联合会等农民专业合作组织的情况

在参与过此类专业合作组织的农民中，有 45.0% 的农民认为此类组织在"了解政策和市场信息"方面对自己的帮助最大，27.5% 的农民认为参加此类组织可以"提升生产技能"，15.6% 的农民认为参加此类组织可以帮助"解决生产销售流通中的问题"，9.8% 的农民认为参加此类组织可以"日常学习交流"，还有 2.1% 的农民认为没有帮助（见图 82）。

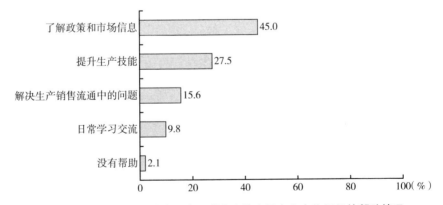

图 82　农民参加专业协会、专业联合会等农民专业合作组织的帮助情况

（6）接受科技服务队伍的指导和帮助情况

在被调查的农民中，有 14.6% 的农民接受过农村科技人才队伍、专职科普队伍、科技特派员、科技志愿者等科技服务队伍的指导和帮助，分别有 63.2% 和 22.2% 的农民没有接受过、没听说过此类科技服务队伍的指导和帮助（见图83）。在接受过此类科技服务队伍指导和帮助的农民中，38.9% 的农民认为可以"解决农业生产中的问题"，31.3% 的农民认为接受此类科技服务队伍的指导和帮助可以"了解政策和市场信息"，27.8% 的农民认为可以"学习农业技术"，另外还有 2.0% 的农民认为"没有帮助"（见图84）。

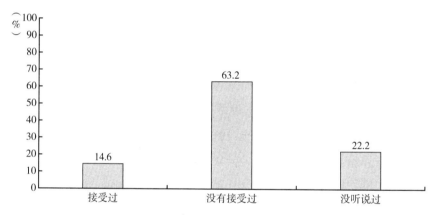

图83 农民接受科技服务队伍的指导和帮助情况

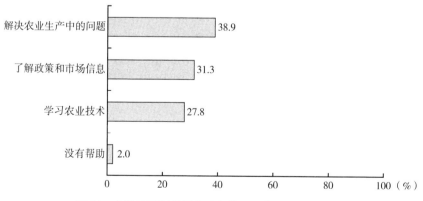

图84 农民接受科技服务队伍指导和帮助的目的情况

（7）主要发现

农民参加教育培训的积极性更高。调查显示，在各类科普活动的参与度上，农民参加教育培训（29.5%）比例高于与科技相关的学习、考察、展览等（18.0%），接受科技服务队伍的指导和帮助（14.6%），职业技能鉴定或技能等级认定等认证活动（14.0%），职业技能、农民科学素质等竞赛（12.4%），表明农民群体在参加科普活动时，更倾向于参加教育培训，并且认为参与教育培训非常有用（52.6%）的占比最高；参加与科技相关的学习、考察、展览等的农民认为非常有用的占比最高（51.0%），认为接受科技服务队伍指导和帮助是为了"解决农业生产中的问题"（38.9%）的占比最高，表明学习知识技能的科普活动，对农民群体提升科学素质，提高文明生活和科学生产能力的帮助最大。

农民中参加专业协会、专业联合会等农民专业合作组织为了"了解政策和市场信息"（45.0%）的占比最高，表明农民群体不但关注如何提升生产能力的科普活动，而且更关注提升科学经营能力的活动。

农民总体参与度偏低，男女差异较大。从以上数据来看，目前，被调查的农民对提升农民科学素质的科普活动总体上参与度偏低，除了职业教育参与率近三成外，其他各项活动参与率均低于两成。不同性别农民参加科学素质提升行动的占比差异较大，女性参与度普遍低于男性，在与科技相关的学习、考察、展览等方面，男女差异较为明显。男性农民参加此类活动的比例高于女性农民 7.4 个百分点。这与农民家庭生产的性别分工等有关，男性主要参与农业生产相关活动，参加活动的积极性更高，认为与促进现代化生产相关的知识讲座非常有用的占比高；女性主要参与家庭生活，时间精力相对分散，不易集中参加科普学习。

农民接受乡村振兴的科技支撑行动不足。农民接受过国家重点实验室、高校和科研院所实验室等机构的指导和帮助的占比低于5%，农民参加专业协会、专业联合会等农民专业合作组织的占比，以及接受科技服务队伍的指导和帮助的占比均低于两成，但参加过此类活动的农民认为有帮助的占比均高于90%。这表明科技支撑乡村行动有助于提高农民文明生活、科学生产、科学经营能力，但成效仍待进一步提高，科农结合加快推进乡村振兴有待加大与农民生产紧密相关的科技要素的投入。

3.产业工人参与科普活动状况

根据《科学素质纲要》要求，本次调查针对产业工人一共设置了17道问题，包含参与职业培训情况、参加劳动技能竞赛情况、参加技术创新活动和职业技能鉴定情况、参加与科技相关的生产活动情况、参加先进评选活动情况、参加劳动技能培训组织情况六个方面。2022年调查显示，产业工人参加职业培训，生产比武、劳动技能竞赛等，"五小""创业创新大赛"等技术创新活动，与科技相关的学习、考察、展览等活动的收获程度均较高，其中认为职业培训非常有用的产业工人占比最高。

（1）参与职业培训情况

被调查的产业工人群体，在过去一年中，参加过职业培训的占比48.6%，没参加过的占比51.4%。

在18~29岁、30~39岁、40~49岁、50~59岁四个年龄段的产业工人中，除50~59岁年龄段产业工人参与率仅为37.4%，其他年龄段产业工人参与率分别为51.2%、54.0%和51.3%，均高于半数（见图85）。

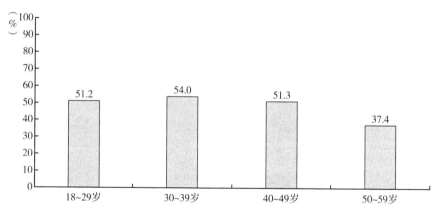

图85 不同年龄段产业工人参加职业培训的情况

在参加过职业培训的产业工人中，偶尔参加（1~3次）、经常参加（4~10次）、参加过多次（10次以上）的比例分别为72.4%、21.6%和6.0%，偶尔参加此类培训的产业工人占比最大（见图86）。参加过此类活动的产业工人认为参加此类培训非常有用的占比最多为41.5%，认为比较有用、一般、不太有用、没有用处的产业工人占比分别为39.0%、16.4%、2.2%、0.9%（见图87）。

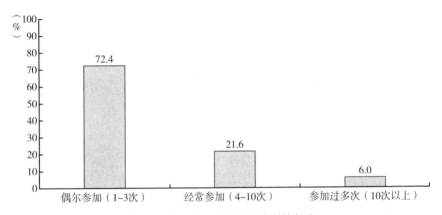

图86　产业工人参加职业培训的频率

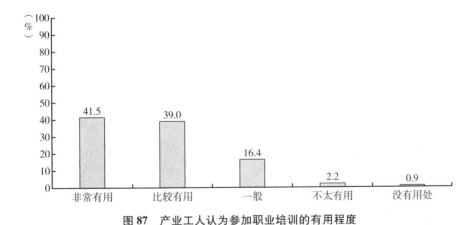

图87　产业工人认为参加职业培训的有用程度

没有参加职业培训的产业工人中，因为"没有时间参加"的最多占比38.6%，其次是"不知道培训的具体信息"的工人占比15.8%，选择"其他"的工人占比 14.6%，"不感兴趣"的工人占比 13.3%，认为"培训内容不符合我的需求"的工人占比 10.4%，"企业或雇主不支持"的工人占比7.3%（见图 88）。

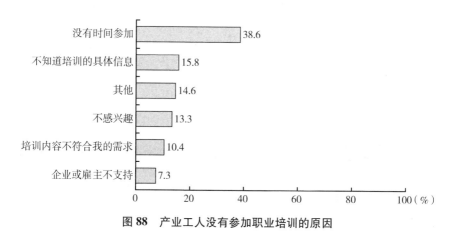

图88　产业工人没有参加职业培训的原因

（2）参加劳动技能竞赛情况

被调查的产业工人群体，在过去一年中，参加过生产比武、劳动技能竞赛等的占比 18.9%，没参加过的占比 81.1%。

在参加过此类活动的产业工人中，偶尔参加（1~3 次）的产业工人占比 80.2%，经常参加（4~10 次）的占比 16.2%，参加过多次（10 次以上）的占比 3.6%（见图 89）。通过参加这类比武或竞赛，认为"有一定收获"

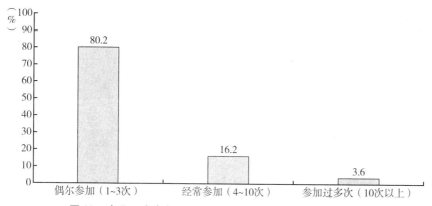

图89　产业工人参加过生产比武、劳动技能竞赛等的频率

的占比最高为53.9%，认为"有很大收获"的占比36.7%，认为"收获很小"的占比5.9%，认为"没有收获"的占比3.5%（见图90）。

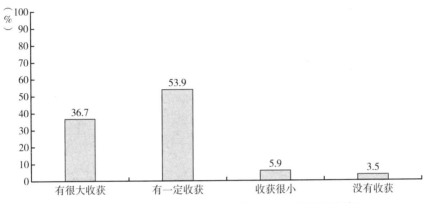

图90　产业工人参加生产比武、劳动技能竞赛等的收获情况

（3）参加技术创新活动和职业技能鉴定情况

被调查的产业工人中，参加过职业技能鉴定的占比32.8%，没有参加过职业技能鉴定的占比为67.2%。

被调查的产业工人中，参加过"五小""创业创新大赛"等技术创新活动的占比7.6%，没有参加过的占比92.4%。参加过此类活动的产业工人中，"每年参加几次"的占比22.8%，"每年参加一次"的占比42.6%，"几年参加一次"的占比34.6%（见图91）。通过参加这类活动，认为"有

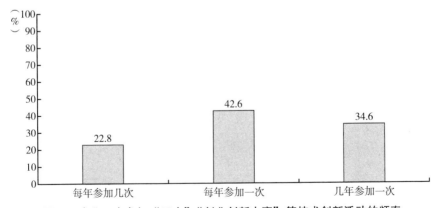

图91　产业工人参加"五小""创业创新大赛"等技术创新活动的频率

一定收获"的占比最高为 49.5%，认为"有很大收获"的占比 41.1%，认为"收获很小"的占比 5.9%，认为"没有收获"的占比 3.5%（见图 92）。

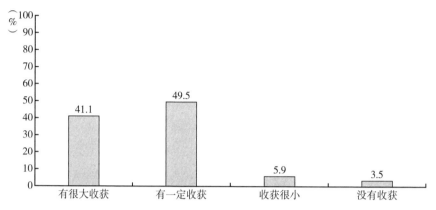

图 92　产业工人参加"五小""创业创新大赛"等技术创新活动的收获情况

（4）参加与科技相关的生产活动情况

被调查的产业工人，在过去一年中，参加过与科技相关的学习、考察、展览等，比如全国科普日、科技活动周、食品安全宣传周等的占比 25.9%，没有参加过的占比 74.1%。

在参加过此类活动的产业工人中，偶尔参加（1~3 次）的产业工人占比 86.9%，经常参加（4~10 次）的占比 11.0%，参加过多次（10 次以上）的占比 2.1%（见图 93）。参加此类活动，认为"非常有用"的产业工人占

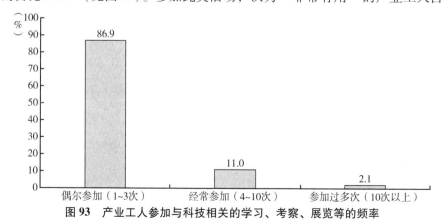

图 93　产业工人参加与科技相关的学习、考察、展览等的频率

比31.2%，认为"比较有用"的占比42.8%，认为"一般"的占比22.9%，认为"不太有用"的占比2.4%，认为"没有用处"的产业工人占比0.7%（见图94）。

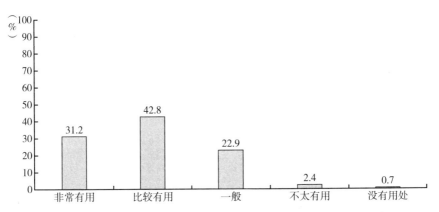

图94 产业工人参加与科技相关的学习、考察、展览等的有用程度

（5）参加先进评选活动情况

参加过"最美职工""工人先锋号"等评选活动的产业工人占比15.2%，没有参加过的占比84.8%。

（6）参加劳动技能培训组织情况

参加过劳模创新工作室、技能大师工作室和高技能人才培训基地等组织的产业工人占比7.5%，选择"接受过指导或帮助"的产业工人占比12.4%，"听说过但没有参与过"的产业工人占比48.2%，"没听说过"的产业工人占比31.9%（见图95）。参加过此类组织的产业工人中认为在"提升生产技能和创新能力"方面帮助最大的占比最高为51.3%，认为在"提供学习交流平台"方面帮助最大的占比29.1%，认为此类组织在"了解行业政策和前沿信息"方面帮助最大的占比17.1%，认为"没有帮助"的占比2.5%（见图96）。

（7）主要发现

近一半产业工人参加职业培训，参与度较高。产业工人参与的科普活动方面，职业培训的参与度（48.6%），高于"职业技能鉴定"（32.8%）、

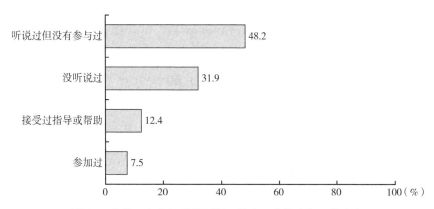

**图95　产业工人参加劳模创新工作室、技能大师工作室和
高技能人才培训基地等组织的情况**

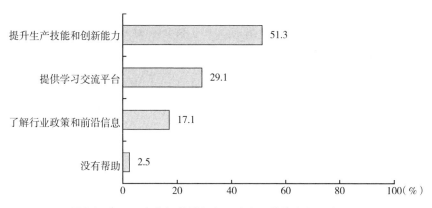

**图96　产业工人参加劳模创新工作室、技能大师工作室和
高技能人才培训基地等组织的受助情况**

"与科技相关的学习、考察、展览等"（25.9%）、"生产比武、劳动技能竞赛等"（18.9%）、"'最美职工''工人先锋号'等评选活动"（15.2%）、"'五小''创业创新大赛'等技术创新活动"（7.6%）等其他科普活动，表明产业工人群体在参加科普活动时，更倾向于参加直接提高职业知识技能的科普活动。同时，产业工人认为职业培训"非常有用"（41.5%）的比例高于其他选项，也高于"'五小''创业创新大赛'等技术创新活动"（41.1%）、"生产比武、劳动技能竞赛等"（36.7%）、"与科技相关的学习、

考察、展览等"（31.2%）等科普活动，表明参加学习科普知识技能的活动，对产业工人群体提升技能素质帮助最大，其他科普活动均有一定的帮助。

产业工人在提升职业技能的培训活动中获得感更高。参加劳模创新工作室、技能大师工作室和高技能人才培训基地等组织的产业工人，认为帮助最大的是"提升生产技能和创新能力"（51.3%）。此外，产业工人通过参加劳模创新工作室、技能大师工作室和高技能人才培训基地等组织，有针对性地提高了自身职业技能和创新能力，为更好服务制造强国、质量强国和现代化经济体系建设增添技术创新力量。

新、老产业工人参与程度差别较大。在性别、城乡和不同学历方面，参加针对产业工人的科普活动占比均有较大差异，但在年龄差异上体现更为明显。在18~29岁、30~39岁、40~49岁、50~59岁四个年龄段的产业工人中，除50~59岁年龄段产业工人参与率仅为37.4%，比其他年龄段产业工人低13个百分点以上，其他年龄段产业工人参与率分别为51.2%、54.0%和51.3%，均高于半数，其中30~39岁年龄段参与率最高。而产业工人群体未能参加职业培训的原因占比最高的是"没有时间参加"（38.6%）。这表明产业工人新生力量对参加职业培训的积极性更高，参与度更高，中老年产业工人参加职业培训的主观意愿较低。

4. 领导干部和公务员参与科普活动状况

根据《科学素质纲要》要求，本次调查针对领导干部和公务员一共设置了11道问题，包含参与教育培训情况、参加专题讲座情况、参加与科技相关的生产活动情况、参加科学素质考核和科技服务组织情况四个方面。2022年调查显示，领导干部和公务员参加教育培训，与科学履职或科学发展有关专题讲座，以及与科技相关的学习、考察、展览等三类活动的收获程度均较高，其中认为教育培训"非常有用"的占比最高。

（1）参与教育培训情况

被调查的领导干部和公务员，在过去一年中，参加过教育培训的占比36.1%，没参加过的占比63.9%。

在参加过此类活动的领导干部和公务员中，偶尔参加（1~3次）的领导干部和公务员占比 74.6%，经常参加（4~10次）的占比 19.3%，参加过多次（10次以上）的占比 6.1%（见图97）。参加此类活动，认为"非常有用"的领导干部和公务员占比 47.9%，认为"比较有用"的占比 39.5%，认为"一般"的占比 11.5%，认为"不太有用"的占比 0.8%，认为"没有用处"的占比 0.3%（见图98）。

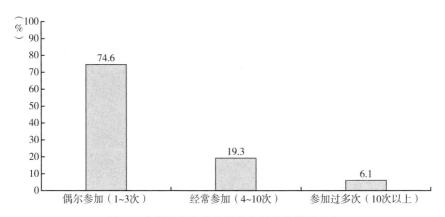

图97　领导干部和公务员参加教育培训的频率

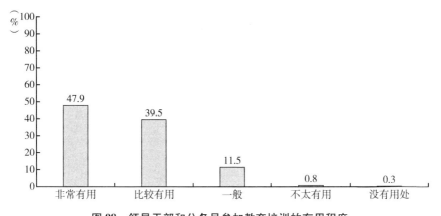

图98　领导干部和公务员参加教育培训的有用程度

（2）参加专题讲座情况

被调查的领导干部和公务员，在过去一年中，参加过与科学履职或科学发展有关专题讲座的占比 31.6%，没参加过的领导干部和公务员占比 68.4%。

在参加过此类讲座的领导干部和公务员中，偶尔参加（1~3 次）的领导干部和公务员占比最高为 75.8%，经常参加（4~10 次）的占比 20.0%，参加过多次（10 次以上）的占比 4.2%（见图 99）。参加此类讲座，认为"非常有用"的领导干部和公务员占比 43.4%，认为"比较有用"的占比 44.9%，认为"一般"的占比 10.7%，认为"不太有用"的占比 0.8%，认为"没有用处"的占比 0.2%（见图 100）。

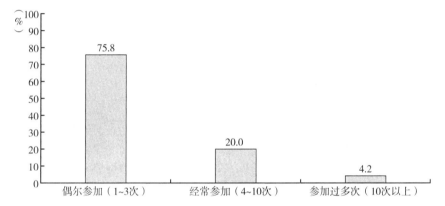

图 99 领导干部和公务员参加与科学履职或科学发展有关专题讲座的频率

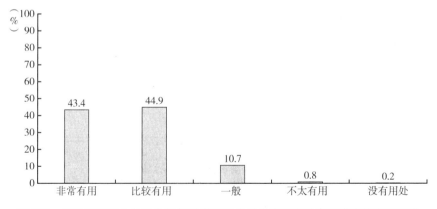

图 100 领导干部和公务员参加与科学履职或科学发展有关专题讲座的有用程度

（3）参加与科技相关的生产活动情况

被调查的领导干部和公务员，在过去一年中，参加过与科技相关的学习、考察、展览等的占比41.0%，没有参加过的占比59.0%。

在参加过此类活动的领导干部和公务员中，偶尔参加（1~3次）的领导干部和公务员占比84.7%，经常参加（4~10次）的占比13.0%，参加过多次（10次以上）的占比2.3%（见图101）。参加此类活动，认为"非常有用"的领导干部和公务员占比37.2%，认为"比较有用"的占比43.8%，认为"一般"的占比16.6%，认为"不太有用"的占比2.3%，认为"没有用处"的占比0.1%（见图102）。

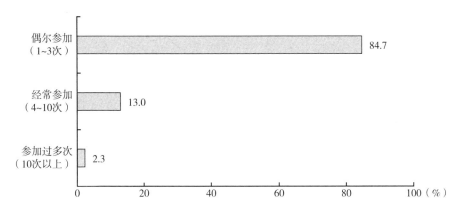

图101　领导干部和公务员参加与科技相关的学习、考察、展览等的频率

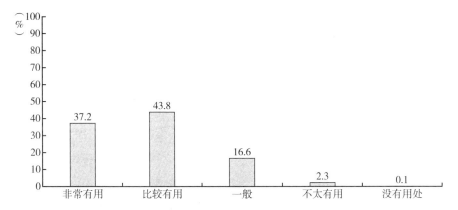

图102　领导干部和公务员参加与科技相关的学习、考察、展览等的有用程度

（4）参加科学素质考核和科技服务组织情况

被调查的领导干部和公务员中，参加过有关科学素质的考核评价的占比20.5%，没有参加过考核评价的占比79.5%。

参加过学会服务站、双创服务中心等科技服务组织的领导干部和公务员占比14.0%，接受过指导或帮助的占比13.5%，听说过但没有参与的领导干部和公务员占比44.8%，没听说过的领导干部和公务员占比27.7%（见图103）。

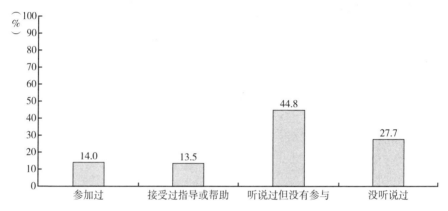

图103 领导干部和公务员参加学会服务站、双创服务中心等科技服务组织的情况

（5）主要发现

领导干部和公务员在各类科普活动中参与度相对较高，但总体积极性有限。相对于其他重点人群，领导干部和公务员参加与科技相关的学习、考察、展览等（41.0%）的比例，高于教育培训（36.1%）、与科学履职或科学发展有关专题讲座（31.6%）、有关科学素质的考核评价（20.5%）、学会服务站、双创服务中心等科技服务组织（14.0%）等其他四类科普活动，表明领导干部和公务员更多地参加与科技相关的学习、考察、展览等走访观察类科普活动。领导干部和公务员认为教育培训"非常有用"的占比（47.9%）高于其他选项，同时高于与科学履职或科学发展有关专题讲座（43.4%）和与科技相关的学习、考察、展览等（37.2%），表明此类知识技能型活动，对领导干部和公务员群体提高科学决策能力方面的帮助最大，其他科普活动均有一定的帮助。此外，领导干部和公务员参与率均没有超过半数的情况，表明其参与科普活动的积极性相对不高，需进一步提升科普活动的吸引力。

（六）国际公民科学素质调查概况

根据公开资料，目前国际上有超过 40 个国家和地区开展过科学素质或公众科学技术态度调查，主要了解公民的科学知识状况、公民获取科技信息的渠道、参与科学的情况以及对科学的看法和态度等指标。国际公民科学素质调查概况显示，不同国家和地区在公民科学素质的测评体系和方法上存在差异，且科学素质的评估体系随着时间的推移也在不断发展和变化。

1. 国际公民科学素质测评项目概况

国际公民科学素质调查概况显示，全球多个国家和地区都在关注和评估公民的科学素质，但不同国家和地区在公民科学素质的测评体系、方法及调查侧重点上存在差异。

（1）美国

美国在国家科学基金会（National Science Foundation，NSF）资助下，由芝加哥大学国家民意研究中心（National Opinion Research Center，NORC）开展综合社会调查（General Social Survey，GSS）。该调查是一项针对美国成年人态度和行为的全国性代表性调查，1972 年以来，每年或每两年进行一次。2006 年以来，通过在综合社会调查（GSS）中设置科学模块，了解公众的科技信息来源、兴趣、访问非正式科学机构的情况、政府支出态度以及科学知识等内容，最近一次可进行国际比较的调查是 2018 年数据。

（2）欧盟

欧盟在其最新的研究和创新框架计划（Horizon Europe）中提出加强在科学领域的地位，旨在支持科学卓越发展，应对气候变化，帮助实现联合国的可持续发展目标，并促进欧盟的竞争力提升和经济增长。为此，2021 年开展了欧洲公民对科学技术的知识和态度调查，该调查覆盖欧盟 27 个成员国、5 个观察国以及 6 个欧洲地区的非欧盟成员国，提供对公民科学和技术观念的洞察。调查主题包括：关于科学和技术的知识，包括对该主题的兴趣和理解、信息来源以及对占星术的态度；关于科学和技术的影响，包括科学对社会的影响，以及对新技术的风险和可感知的好处（perceived benefits）的看法；对科学和技术管理的看法，以及对公众获取研究成果的态度；对科学家的态度，包括他们的感知特征（perceived characteristics）、可信度以及对他们应该在社会中扮演角色的看法；对科学技术的参与，包括公众对科学技术决策的偏好程度以及当前和理想的参与程度；与世界其他地区相比，欧盟在科学技术方面的优势。

（3）英国

英国自 2000 年起，由商业、能源和工业战略部（Department for Business, Energy and Industrial Strategy，BEIS）组织实施公众对科学的态度调查（Public Attitudes to Science，PAS），这项调查旨在帮助了解英国公众对他们日常生活中越来越多遇到的科学、工程和新技术的看法，以及他们对气候变化、人工智能和对科学建议的信任等关键话题的看法。通过这项调查获得的研究结果也有助于为英国政府和科学机构的政策制定提供依据，确保公众的观点能够被纳入决策。2019 年公众对科学的态度调查（PAS 2019）是第六次开展，主要内容包括公众对科学、科学家和科学政策的态度，以及四个主题模块：老龄化社会，人工智能、机器人和数据，基因组编辑，微污染和塑料。

（4）加拿大

加拿大科学院理事会（Council of Canadian Academies，CCA）于 2013 年组织开展了公众科学文化调查，认为科学文化的概念是多层面的，包含个人和社会如何与科学和技术在不同维度的适配。加拿大公众科学文化调查包括四个主要方面：公众对科学和技术的态度、公众参与科学、公众的科学知识、公众的科学技能。

（5）日本

日本科学素质调查主要包括日本内阁府的"关于科学技术的舆论调查"、日本科学技术政策研究所（NISTEP）的"关于科学技术公众理解的国际比较研究"及日本 3M 公司开展的科学现状指数（State of Science Index，SOSI）调查，其中 1990 年日本科学技术政策研究所开始与欧美研究人员合作开展"关于科学技术公众理解的国际比较研究"，并于 1991 年 11 月实施与欧美各国进行国际比较的"关于科学技术的社会意识调查"。该调查旨在分析日本公众对科学技术的意识、科学技术素养，并形成标准化测评体系。2001 年的调查内容包含：公众对科学技术各种问题的关心度、自我评价认知度、科学技术的信息源、关于科学技术的用语理解度、关于科学技术基础概念的理解度、科学研究方法的理解度、对科学技术的态度及意见等方面。2009 年以来，该项调查逐渐以网络形式稳定开展。此系列调查结果多次用于国际比较。

（6）马来西亚

马来西亚的公众科技创新意识调查（Public Awareness of Science，Technology & Innovation）由科技创新部（MOSTI）组织，马来西亚科学与技术信息中心（MASTIC）实施，调查自 1996 年开始，已经开展 9 次，最新的一次为 2022 年调查，该调查内容主要包括公众对科学、技术和创新（STI）的认识和理解、兴趣和态度，以及他们对 STI 计划的参与情况，为制定提升公众对 STI 理解度和兴趣的策略提供有价值的信息。

此外，印度、韩国、新加坡、澳大利亚、以色列等国家和地区也开展了类似调查，了解本国和地区公民的科学知识水平、获取科技信息的渠道、参与科学的情况、对科技的态度。各国调查主要情况详见表 7。

2. 公民科学素质调查主要结果的国际比较

在公民科学素质调查中，科学知识指标是衡量公民科学素养的重要维度之一。它通常包括对科学概念、原理、事实以及科学发展历程的了解。科学知识指标不仅能反映公民对科学领域的基本认识，还能体现他们运用这些知识分析和解决实际问题的能力。包括中国在内，国际上诸多国家和地区均对此展开持续测评与统计。

从各国对公众科学素质或科学知识测评来看，其仍然以事实科学知识量表（Factual Knowledge Scale，FKS）为主，一些国家在此基础上添加少量反

表 7 部分国家/地区开展公民科学素质调查的情况

国家/地区	组织者	实施者	调查名称	调查年份	主要内容	调查方法
美国	国家科学基金会（National Science Foundation, NSF）	芝加哥大学国家民意研究中心（National Opinion Research Center, NORC）	美国综合社会调查（General Social Survey, GSS）	1972～2022年，每年或每两年开展一次	科技信息来源、兴趣、访问非正式科学机构、政府支出态度以及科学知识等	面访辅以电话访问
欧盟	欧盟委员会（European Commission）	欧洲晴雨表组织（Eurobarometer）	欧洲公民对科学技术的知识和态度调查（European Citizens' Knowledge and Attitudes towards Science and Technology）	2005、2010、2015、2021	关于科学和技术的知识、关于科学和技术的影响、对科学和技术管理的看法、对科学家的态度、公民对科学技术的参与等	面访辅以在线访问
英国	商业、能源和工业战略部（Department for Business, Energy and Industrial Strategy, BEIS）	2019 Kantar 2014 ipsos MORI 2011 ipsos MORI 2008 TNS 2005 MORI 2000 Harris Research	公众对科学的态度调查（Public Attitudes to Science, PAS）	2000、2005、2008、2011、2014、2019	公众对科学、科学家和科学政策的态度，以及四个主题模块：老龄化社会，人工智能、机器人和数据，基因组编辑，微污染和塑料	面访及计算机辅助面访
加拿大	科学院理事会（Council of Canadian Academies, CCA）	—	科学文化调查（Science Culture Survey）	1989、2004、2013	公众对科学技术的态度、公众参与科学、公众的科学技能	电话调查（60%）和网络调查（40%）
日本	日本科学技术政策研究所（NISTEP）	—	公众对科技的理解和态度调查	1991、2001、2009	对科技的兴趣、知识和态度、公共设施的利用情况	面访

续表

国家/地区	组织者	实施者	调查名称	调查年份	主要内容	调查方法
澳大利亚	澳大利亚科学院(Australian Academy of Science)	澳大利亚科学院(Australian Academy of Science)	科学素养调查(Science Literacy in Australia)	2010,2013	澳大利亚公民科学素养水平以及在过去三年中科学素养水平的变化	线上调查
马来西亚	科技创新部(Ministry of Science, Technology and Innovation, MOSTI)	马来西亚科学与技术信息中心(Malaysian Science and Technology Information Center, MASTIC)	公众科技创新意识调查(Public Awareness of Science, Technology & Innovation)	1996、1998、2000、2002、2004、2008、2014、2019、2022	公众对STI的认识和理解、兴趣和态度,以及他们对STI计划的参与情况	实地访谈
新加坡	南洋理工大学(Nanyang Technological University)	南洋理工大学(Nanyang Technological University)	新加坡公众对科技问题的看法和态度调查(A Survey of Public Views and Attitudes towards Science and Technology Issues in Singapore)	2015	公众的科学素养水平以及他们对科学技术的态度和看法	线上调查
印度	印度国家应用经济研究院(NCAER)	—	国家科学调查(National Science Survey)	2004	对科学的态度、兴趣、价值观、科学知识	面访
韩国	韩国科学与创造力促进基金会(KOFAC)		公众对科学技术的态度和理解调查	2004、2006、2008、2012	对科技的兴趣、知识和态度、公共设施的利用情况	面访

映本地特征的知识题，如澳大利亚、新加坡。此外，中国、欧盟和英国对于科学知识题有较大改动，中国2021年实施《全民科学素质行动规划纲要（2021—2035年）》，对公民科学素质提出明确定义，为此中国的调查进一步细化了科学知识结构，形成"物质与能量""生命与健康""地球与环境""数学与信息""工程与技术"五大学科领域。欧盟的调查在科学知识中新增全球人口数量、自然科学和社会科学差异、基因、病毒等方面的题目，英国在2019年的调查中新增一些生命与健康领域的科学知识题。

对于科学素质的评价，中国、美国、欧盟、加拿大等国家和地区采用相似的方法来判定科学素质，但在算法上又有所不同，加之其他国家并不直接发布科学素质结果，目前尚无具备广泛可比性的科学素质评价体系。此外，由于各国调查方式、抽样方法存在较大差异，调查规模相差较大，数据结果可比性也存在一定局限。因此，本报告尽可能纳入各国调查的公共科学知识题目，直接对各个题目的回答正确率进行比较，为了解各国公民科学素质发展情况提供相关参考。

从科学知识的调查内容来看，大多数国家或地区将事实科学知识量表（FKS）作为测评公民科学知识水平的主体，本次比较以该量表题目为主，分两个部分生命与健康、地球与环境，详见表8。

（1）生命与健康题目的结果比较

生命与健康部分，由4个题目组成。从具体题目来看，对于"抗生素能够杀死病毒"，9个国家或地区有调查结果，其中欧盟2021年、加拿大2013年、美国2018年、新加坡2015年、印度2004年的正确率排在前五位，分别为55.0%、53.0%、50.0%、46.3%、39.0%；韩国2004年、日本2011年、马来西亚2019年正确率较低，分别为30.0%、28.0%、15.7%；中国2022年的正确率为32.4%，处于中等靠后位置。

对于"最早期的人类与恐龙生活在同一个年代"，2个国家或地区有调查结果，欧盟2021年的正确率为66.0%，略高于中国2022年的55.1%。

对于"就目前所知，人类是从较早期的动物进化而来的"一题，8个国家或地区有调查结果，其中中国2022年的正确率为76.8%，排名第二，低

表 8　国家或地区开展公民科学素质知识题目问答情况

单位：%

科学知识题目	中国(2022)	美国(2018)	欧盟(2021)	英国(2019)	加拿大(2013)	日本(2011)	韩国(2004)	印度(2004)	新加坡(2015)	马来西亚(2019)
生命与健康部分										
抗生素能够杀死病毒	32.4	50.0	55.0		53.0	28.0	30.0	39.0	46.3	15.7
最早期的人类与恐龙生活在同一个年代	55.1		66.0							
就目前所知,人类是从较早期的动物进化而来的	76.8	49.0	67.0		74.0	78.0	64.0	56.0	62.6	
父亲的基因决定孩子的性别	60.3	59.0				26.0	59.0	38.0		40.0
地球与环境部分										
所有的放射性现象都是人为造成的	52.5	68.0		70.0	72.0	64.0	48.0		58.8	29.7
激光是由汇聚声波产生的	29.0	44.0	42.0	52.0	53.0	26.0	31.0		52.7	
地心温度非常高	69.2	86.0			93.0	84.0	87.0	57.0	81.7	68.9
电子比原子小	35.2	46.0		55.0	58.0	28.0	46.0	30.0	64.1	44.4
数百万年来,我们生活的大陆一直在缓慢地漂移,并将继续漂移	69.7	79.0	82.0		91.0	89.0	87.0	32.0		51.9
宇宙起源于大爆炸	41.3	38.0			68.0		67.0	34.0		

于日本 2011 年的 78.0%，加拿大 2013 年、欧盟 2021 年、韩国 2004 年的正确率分别为 74.0%、67.0%、64.0%，排在前五位；新加坡 2015 年、印度 2004 年、美国 2018 年的正确率分别为 62.6%、56.0%、49.0%。

对于"父亲的基因决定孩子的性别"，中国 2022 年的正确率（60.3%）排名第一，美国 2018 年、韩国 2004 年的正确率均为 59.0%，马来西亚 2019 年、印度 2004 年、日本 2011 年的正确率分别为 40.0%、38.0% 和 26.0%。

（2）地球与环境题目的结果比较

地球与环境部分，由 6 个题目组成。从具体题目来看，对于"所有的放射性现象都是人为造成的"，8 个国家或地区有调查结果，加拿大 2013 年、英国 2019 年和美国 2018 年的正确率较高，分别为 72.0%、70.0% 和 68.0%，反映这些国家该题目表现较好。韩国 2004 年和马来西亚 2019 年的正确率相对较低，分别为 48.0% 和 29.7%。中国 2022 年的正确率为 52.5%，略低于各国平均水平，与得分较高国家存在一定差距，但高于韩国 2004 年和马来西亚 2019 年的结果。

对于"激光是由汇聚声波产生的"这一科学知识题目，8 个国家或地区有调查结果。加拿大 2013 年、新加坡 2015 年和英国 2019 年的正确率较高并且比较接近，分别为 53.0%、52.7% 和 52.0%。韩国 2004 年、中国 2022 年和日本 2011 年的正确率较低，分别为 31.0%、29.0% 和 26.0%。中国 2022 年的正确率为 29.0%，与得分较高国家存在一定差距，但高于日本 2011 年的结果。

对于"地心温度非常高"这一科学知识题目，8 个国家或地区有调查结果。加拿大 2013 年的正确率最高，为 93.0%。韩国 2004 年、美国 2018 年和日本 2011 年的正确率紧随其后，分别为 87.0%、86.0% 和 84.0%，反映这些国家该知识的掌握情况较好。中国 2022 年和马来西亚 2019 年的正确率相对较高，分别为 69.2% 和 68.9%。印度 2004 年的正确率为 57.0%。

对于"电子比原子小"这一科学知识题目，9 个国家或地区有调查结果。新加坡 2015 年、加拿大 2013 年和英国 2019 年的正确率较高，分别为

64.1%、58.0%和55.0%，中国2022年和日本2011年的正确率较低，分别为35.2%和28.0%。中国2022年的正确率高于印度2004年的结果（30.0%）。

对于"大陆漂移"这一科学知识题目，共有8个国家或地区进行了调查。结果显示，加拿大2013年的正确率最高，为91.0%；日本2011年次之，为89.0%；韩国2004年和欧盟2021年的正确率也较高，分别为87.0%和82.0%。中国2022年和马来西亚2019年的正确率较低，分别为69.7%和51.9%，与前述国家存在一定差距。其中，中国2022年的正确率略低于平均水平，但明显高于印度2004年的32.0%。

对于"宇宙起源于大爆炸"这一科学知识题目，共有5个国家进行了调查。结果显示，加拿大2013年和韩国2004年的正确率较高，分别为68.0%和67.0%。中国2022年的正确率为41.3%，低于各国平均水平，与加拿大和韩国存在明显差距。美国2018年和印度2004年的正确率更低，分别为38.0%和34.0%。

综上，我国公民对生命与健康、地理与环境领域的知识掌握程度较高，但在物理、生物等题目上的表现则相对较弱。另外，基于近年来国际上发布的科学素质测评结果，美国2018年为28.3%，欧盟2021年为24%，加拿大2013年为42%，中国2022年为12.93%，由此可见，我国与发达国家仍然存在一定程度的差距。

3. 启示

通过对国际科学素质调查的梳理，我们发现提升公民科学素质日益成为旨在促进创新和可持续发展的重要手段，许多国家和地区持续开展公民科学素质监测评估。总体来说，尽管不同国家在公民科学素质的测评体系和方法上存在一定差异，但在评估科学素质的内容上随着时代的发展与公众生活的联系更加紧密。鉴于科学素质在现代社会中的重要性，以及不同国家和地区在科学素质调查中表现出的差异，我们可以从中获得如下几点启示。

一是国际社会就提升科学素质的重要性以及科学素质发挥的作用取得普遍共识。科学素质是国民素质的重要组成部分，目前国际上有超过40个国家和地区开展过或持续开展科学素质或公众科学技术态度调查，如美国在1957年首次开展公众对科学技术态度的抽样调查，20世纪70年代以后，基本上维持两年一次；日本科学技术政策研究所也于1990年持续开展对本国公众关于科学技术理解的调查；我国也于1992年开始至2022年开展了十二次全国范围的公民科学素质抽样调查。需要注意的是在科学素质研究的道路上，不仅要关注调查结果，还要关注调查内容的变化及其对应的背景因素，要综合考虑国际测评体系的变化、地方特色、多维度影响因素以及科学素质与社会问题的关系，以更全面、深入地理解和提升公民科学素质。

二是在调查内容上，其维度框架具有发展性。随着时代的发展，其与公众生活的联系愈加密切。如日本内阁府"关于科学技术的舆论调查"在1976年考察了核电技术，1981年考察了宇宙开发、海洋开发等；近年来，日本科学技术政策研究所"关于科学技术的社会意识调查"逐渐将新兴科学技术议题作为调查内容之一，如5G、核能技术、量子技术、转基因、AI等；欧盟自2010年开始，在其相关调查中设置了包括气候变化在内的环境问题及医学新发现等态度问题。

三是进入人工智能时代，部分地区的调查方法发生较大改变。例如，美国综合社会调查，1972～2000年其调查方式为传统的纸质问卷调查，2002年开始采用计算机辅助个人面访调查（CAPI）；日本科学技术政策研究所1991～2001年的调查方法为根据问卷面访，从2007年开始，采用网络调查方式，由运营公司实施，用户线上注册回答；我国也在2020年开始加入网络调查的方式。

推动科学素质调查国际比较研究，加强科学素质提升国际交流，对于增进国际科技界的开放、信任与合作，共筑对话平台，推动经验互鉴和资源共享，共同应对全球性挑战，推进全球可持续发展具有重要作用。我们应积极作为，深化国际合作，推进科学素质建设战略、规划、机制对接，分享中国智慧和经验，同时鼓励国际科技创新交流，共享科技成果，进一步推动人类命运共同体建设。

质是国民素质的重要组成部分，是社会文明进步的基础。提高公
质，对增强一个国家的竞争力具有重要的意义。党的二十大报告
、科技、人才是全面建设社会主义现代化国家的基础性、战略性
是高质量教育发展的基石。教师是国家人才培养任务的落实者和
师的素质对于国家人才培养具有重要的影响。当下，科技革命和
速推进，科技竞争和人才竞争成为各国竞争的主要阵地，科技创
数量和质量成为国家实力的重要体现。有研究表明，教师是学生
大要素中最主要的影响因素[1]，提升学生的科学素质水平，首先
2021 年 6 月，国务院印发《全民科学素质行动规划纲要
35 年）》，提出"十四五"时期要实施教师科学素质提升工程。
我国教师科学素质有助于厘清现状，找到我国教师科学素质的差
为培养高素质教师打下良好的基础。2022 年，中共中央办公厅、
厅印发《关于新时代进一步加强科学技术普及工作的意见》，提
强科学教育，不断提升师生科学素质。2022 年 4 月，教育部等
《新时代基础教育强师计划》，提出深化精准培训改革，提升中
信息技术应用能力和科学素质。2023 年 5 月，教育部办公厅印
教育课程教学改革深化行动方案》，要求发挥教师主导作用，注重
动式、探究式教学。

认为，教师的科学素质是教师需要具备的基础的、重要的素质，
课程中科学素质目标的达成。黄璐等学者认为科学素质是科学课
备的最基本素质。[2] 朱玉军认为我国基础教育课程中科学素质目
要取决于一线教师的科学素质水平。[3] 章常茂认为教师的科学素
质中的重要部分，科学素质对教师个人和职业发展都有重要意

兰〕约翰·哈蒂：《可见的学习——最大程度地促进学习》，金莺莲、洪超、裴新宁
教育科学出版社，2015。
、杨智慧：《科学素养：科学课程教师的基本素质》，《西南民族大学学报》（人文社会
版）2004 年第 9 期。
军：《基础教育课程改革中科学素养目标面临的问题和对策》，《全球教育展望》2015
3 期。

II 专题报

我国教师科

李 萌 杨

摘 要： 通过对第十二次中国公民科学素质
况及其科学态度等进行分析发现：教师群体的
高，科学知识、科学方法、科学思想与精神及
遍高于普通公民；不同学历、不同任教学段、
有较大差异，大学本科及以上学历、高等院校
质水平较高。教师群体普遍具有积极的科学态
趣，主要通过互联网及移动互联网、电视、图
信息。基于此，本研究提出要高度重视教师科
科学素质建设体系，创设有效的教师科学素质技

关键词： 教师 科学素质 科学态度 科学教

---

* 李萌，中国科普研究所科研助理，研究方向为青少年科学教
国科普研究所科研助理，研究方向为青少年科学素养测评；
方向为科学教育等；王梦倩，中国科普研究所博士后，研究
郑超超，中国科普研究所博士后、助理研究员，研究方向为和

科学
民的科学
指出：教
支撑。教
承担者，
产业变革
新后备人
学业成就
在于教师
（2021-
调查和分
异及不足
国务院办
出学校要
八部门发
小学教师
发《基础
启发式、

有学
并影响自
程教师队
标的达成
质是教师

① 口
② □
③ □

义，同时，教师应该比大众具有更高的科学素质水平。[①] 21 世纪以来，我国开展多项教师科学素质调查研究。2001 年 11 月，对北京市五个区（东城、丰台、昌平、通州、怀柔）共 42 所小学 1250 名教师进行问卷调查[②]显示，多数教师科学精神和科学态度有待强化，1/3 的教师对科学方法和过程的理解水平低。2002 年 9 月至次年 6 月对浙南地区 93 位中学物理教师的问卷调查[③]显示，物理教师知识面窄、知识陈旧，教科研能力差，科学探究的意识落后，独立搜索资料、自我学习的能力有待提高，实验的设计与改进、应用信息网络技术的能力有待加强，STS 教育理念还没到位。2007 年左右，对皖中地区 12 所中学 115 位化学教师的科学素质进行问卷调查[④]，发现教师知识面窄、跨学科知识贫乏，具有初步的质疑精神和探索精神，但解决问题能力还需提高。2021 年下半年，教育部组织的面向全国 31 个省份小学科学教师的大规模调查[⑤]，回收有效问卷 131134 份，调查显示我国小学科学教师知识与信念薄弱，专业发展羸弱，实验资源匮乏，缺乏精准化和专业化培训。上述调查要么聚焦科学教师要么聚焦区域，能够看出我国不同地区、不同学科教师的科学素质存在提升空间，科学探究能力和解决问题能力有待加强，但从调查范围和调查对象来看，缺少全国范围面向全体教师的科学素质调查。上述调查发现，我国不同地区、不同学科教师的科学素质均存在不同程度的欠缺，特别是科学探究能力和解决问题能力有待加强。

本研究以第十二次中国公民科学素质抽样调查为依据，通过对我国教师群体科学素质现状的分析，希望厘清我国教师科学素质的现状，找到我国教师科学素质的差异及不足，为进一步培养高素质的教师队伍打下良好的基

---

① 章常茂：《科学素养及提升教师科学素养的意义》，《福建论坛》（人文社会科学版）2010 年第 S1 期。

② 宋天乐：《小学教师科学素养有待提高——北京市小学教师科学素养现状调查报告》，《课程·教材·教法》2002 年第 12 期。

③ 蔡志凌：《中学物理教师科学素养的调查与分析》，《课程·教材·教法》2004 年第 6 期。

④ 吴江明、丁茂山：《中学化学教师科学素养的现状调查》，《化学教育》2007 年第 6 期。

⑤ 郑永和、杨宣洋、王晶莹等：《我国小学科学教师队伍现状、影响与建议：基于 31 个省份的大规模调研》，《华东师范大学学报》（教育科学版）2023 年第 4 期。

础。基于上述研究目标，本研究的核心问题是我国教师群体的科学素质水平如何？我国教师群体的科学态度如何？不同教师群体的科学素质存在哪些差异？教师通过哪些渠道获取科技信息提升科学素质水平？

一 研究对象

本研究数据来自 2022 年第十二次中国公民科学素质抽样调查，调查采取线上线下相结合的方式开展，样本覆盖我国 31 个省（自治区、直辖市）和新疆生产建设兵团。选取调查中教师问卷共 8178 份，占总体问卷的 2.92%。其中，性别方面，男性样本占比 65.27%，女性样本占比 34.73%。年龄方面，30~39 岁样本占比 18.66%，40~49 岁样本占比 36.74%，50~59 岁样本占比 34.89%。学历方面，高中（中专、技校）及以下学历样本占比 2.19%，大学专科学历样本占比 17.64%，大学本科及以上学历样本占比 80.17%。任教阶段方面，小学及幼儿园教师样本占比 43.6%，初中教师样本占比 23.2%，高中教师样本占比 12.3%，高等院校（本科、硕士、博士）教师样本占比 10.5%。

《2021 年全国教育事业发展统计公报》显示，我国专任教师 1844.37 万人。其中，性别方面，男性占比 30.0%，女性占比 70.0%。年龄方面，30~39 岁占比 38.66%，40~49 岁占比 34.11%，50~59 岁占比 27.24%。学历方面，高中（中专、技校）及以下学历占比 2.85%，大学专科学历占比 23.48%，大学本科及以上学历占比 73.67%。任教阶段方面，小学及幼儿园教师占比 52.84%，初中教师占比 20.86%，高中教师占比 13.89%，高等院校（本科、硕士、博士）教师占比 12.41%。

二 研究方法

本研究采用中国公民科学素质调查的测评量表，利用 SPSS 20.0、Rstudio 软件进行统计与数据处理分析。首先对教师的科学素质进行描述性分析，其次分别以学段、区域等变量进行差异性分析，并对教师的科学态度以及获取科技信息的途径进行分析。

三　研究工具

中国公民科学素质调查测评量表针对科学素质主要从科学知识、科学方法、科学精神与思想、应用科学的能力等四个维度进行考察，其中科学知识包括生命与健康、地球与环境、物质与能量、数学与信息、工程与技术五个领域，科学素质的总体情况以具备科学素质的比例来反映，科学素质每一维度的得分按照权重换算成百分制。科学态度主要从对科技类信息的兴趣、对科技及科技发展的态度等方面进行考察。

四　教师科学素质相关结果

（一）教师具备科学素质的比例为37.48%，高于全国平均水平；科学素质四个维度发展均衡，且得分均高于全国平均水平

依据第十二次中国公民科学素质调查结果，2022年我国公民具备科学素质的比例为12.93%。按照同样的计算方法，我国教师具备科学素质的比例为37.48%，与全国相比，我国教师具备科学素质的比例较高。同时，本次测评着重从科学知识、科学方法、科学精神与思想、应用科学的能力这四个方面考察，将每一维度的得分按照权重换算成百分制，如图1所示，教师群体在各维度的平均得分情况为：科学知识65.8分，比全国高出11.2分；科学方法64.0分，比全国高出11.7分；科学精神与思想68.1分，比全国高出14.2分；应用科学的能力65.0分，比全国高出12.7分。总的来说，教师群体科学素质水平较高，科学素质四个维度发展比较均衡。

在科学知识领域，教师群体在各个领域的正确率为：生命与健康领域正

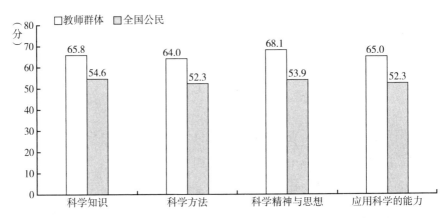

图1　不同能力维度教师群体与全国公民科学素质的基本情况

确率为76.16%，地球与环境领域正确率为79.78%，物质与能量领域正确率为67.72%，数学与信息领域正确率为74.45%，工程与技术领域正确率为66.59%。总体来说，各个领域的正确率均较高，高于全国平均水平。教师群体的科学知识在物质与能量和工程与技术两个领域正确率略低，需要加强。

（二）教师的科学素质受性别、年龄及学历影响较大，男性教师、中青年教师、大学本科及以上教师科学素质水平较高

本次调查分别以教师群体的性别、受教育程度、年龄、任教科目和任教阶段等为自变量，教师的科学素质水平为因变量，探查不同教师群体的科学素质差异情况。调查结果如表1所示。

表1　不同类型的教师群体与全国公民科学素质总体情况

单位：%

类型		全国公民	教师群体
性别	男	14.77	48.4
	女	10.98	29.1

类型		全国公民	教师人群
受教育程度	高中（中专、技校）	15.19	19.2
	大学专科	22.22	27.5
	大学本科及以上	41.39	41.5
年龄	30~39 岁	16.77	50.1
	40~49 岁	11.61	37.8
	50~59 岁	7.36	35.6

教师群体科学素质水平的性别差异大。样本中男性教师具备科学素质的比例为 48.4%，比全国男性的 14.77% 高出 33.63 个百分点；女性教师具备科学素质的比例为 29.1%，比全国女性的 10.98% 高出 18.12 个百分点，男女教师科学素质水平相差 19.3 个百分点，差异较大。

本次调查中，受访教师绝大多数为大学专科及以上学历，且随着学历的提升，具备科学素质的比例明显提升。高中（中专、技校）文化程度教师具备科学素质的比例为 19.2%，比全国同类人群高出 4.01 个百分点；大学专科文化程度教师具备科学素质的比例为 27.5%，比全国同类人群高出 5.28 个百分点；大学本科及以上文化程度教师具备科学素质的比例为 41.5%，比全国同类人群高出 0.11 个百分点。

中青年教师群体的科学素质水平较高，且教师的科学素质水平随年龄增长而降低。30~39 岁年龄段教师的科学素质水平为 50.1%，比同一年龄段全国公民科学素质水平（16.77%）高出 33.33 个百分点；40~49 岁年龄段教师的科学素质水平为 37.8%，比同一年龄段全国公民科学素质水平（11.61%）高出 26.19 个百分点；50~59 岁年龄段教师的科学素质水平为 35.6%，比同一年龄段全国公民科学素质水平（7.36%）高出 28.24 个百分点（2022 年 18~29 岁年龄段教师的样本量过小，无法计算，暂无数据）。

（三）任教阶段越高，教师的科学素质水平越高，且自然科学类教师科学素质水平明显高于其他类别教师，科学素质优势明显

不同任教阶段其科学素质水平差异较大，高等院校教师科学素质水平较高。如图2所示，小学及幼儿园教师具备科学素质的比例为26.6%，初中教师具备科学素质的比例为41.0%，高中教师具备科学素质的比例为48.0%，高等院校（本科、硕士、博士）教师具备科学素质的比例为60.1%，科学素质水平随任教阶段提升而增高的特点明显。同时，自然科学类、社会科学类以及艺术类教师具备科学素质的比例分别为46.8%、35.9%、21.0%，自然科学类教师的科学素质水平较高。

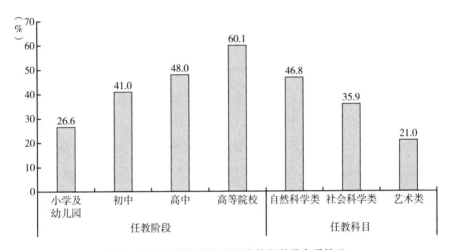

图2　不同任教阶段及科目的教师科学素质情况

注：自然科学类教师是指教授数学、物理、化学、生命科学、地球科学和空间科学、天文和天体物理等自然科学类课程的教师。社会科学类教师是指教授政治、历史、社会、心理等社会科学类课程的教师。艺术类教师是指教授音乐、美术、舞蹈等艺术类课程的教师。

（四）教师科学素质水平的城乡差异不大，东部地区教师科学素质水平较高，中、西部地区教师科学素质水平较低

如图3所示，参与本次调查的教师群体中，城镇教师科学素质水平为37.60%，比全国城镇居民的15.94%高出21.66个百分点；乡村教师科学素质水平为36.90%，比全国乡村居民的7.96%高出28.94个百分点；城乡教师科学素质差距为0.7个百分点，教师科学素质水平的城乡差异不大。

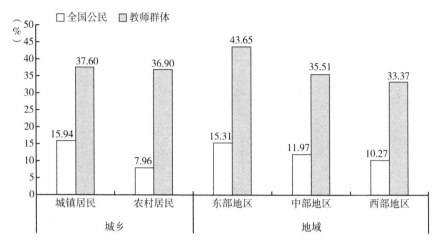

图3 不同区域教师群体与全国公民科学素质的基本情况

东部地区、中部地区、西部地区教师科学素质水平呈梯次递减。2022年，东、中、西部地区参与调查的教师具备科学素质的比例分别为43.65%、35.51%、33.37%，比东、中、西部地区公民科学素质水平（15.31%、11.97%、10.27%）分别高出28.34个、23.54个、23.10个百分点。与东部相比，中部和西部地区教师科学素质低一些。

（五）教师对科技类信息兴趣浓厚，获取信息的原因中排在第一位的是解决具体问题；教师总体科学态度较积极

教师群体对科技信息的感兴趣程度高于全国平均水平，了解科技信息的主要目的为"解决具体问题"。有68.4%的教师对科技信息感兴趣，比全国平均水平（50.9%）高出17.5个百分点。从对科技信息感兴趣的原因来看，为了"解决具体问题"而了解科技信息的比例为50.7%，"对特定科技主题感兴趣"而了解科技信息的比例为46.7%，为了"主动自我提升"而了解科技信息的比例为44.6%，出于"家庭和工作需要"了解科技信息的比例为41.5%，为了"打发时间"而了解科技信息的比例为12.3%。

教师对科技发展的态度整体较为积极。如表2所示，在对科技性质的认

识方面，教师赞成"现代科学技术将给我们的后代提供更多的发展机会"的比例为92.7%，比全国公民（91.8%）高0.9个百分点。教师对基础研究的支持度很高，赞成"尽管不能马上产生效益，但是基础科学的研究是必要的，政府应该支持"的比例为98.0%，比全国公民（90.1%）高7.9个百分点；赞成"公众对科技创新的理解和支持，是建设科技强国的基础"的比例为98.7%，比全国公民（91.0%）高7.7个百分点。在参与决策上，教师赞成"政府应该通过举办听证会等多种途径，让公众更有效地参与科技决策"的比例为92.1%，比全国公民（87.7%）高4.4个百分点。

表2　教师群体与全国公民对科技发展的态度

单位：%

题项	分类	非常赞成	基本赞成	既不赞成也不反对	基本反对	非常反对
现代科学技术将给我们的后代提供更多的发展机会	教师群体	76.6	16.1	6.3	0.9	0.1
	全国公民	67.5	24.3	7.1	0.7	0.4
尽管不能马上产生效益,但是基础科学的研究是必要的,政府应该支持	教师群体	75.8	22.2	1.8	0.1	0.1
	全国公民	59.4	30.7	8.6	0.9	0.4
公众对科技创新的理解和支持,是建设科技强国的基础	教师群体	81.6	17.1	0.9	0.3	0.1
	全国公民	66.1	24.9	7.5	1.0	0.5
政府应该通过举办听证会等多种途径,让公众更有效地参与科技决策	教师群体	64.3	27.8	4.7	2.6	0.6
	全国公民	60.2	27.5	10.4	1.3	0.6

（六）教师主要通过互联网及移动互联网和电视获取科技信息，互联网渠道中，教师主要通过百度、必应等搜索引擎获取科技信息

教师主要通过互联网及移动互联网和电视获取科技信息，与全国情况相比，使用互联网及移动互联网、图书和期刊/杂志获取科技信息的比例更高，通过电视、亲友同事、广播和报纸获取科技信息的比例较低。具体来看，如表3所示，教师通过互联网及移动互联网获取科技信息的比例为94.3%，比全国公民（78.0%）高出16.3个百分点；通过图书获取科技信息的比例为

45.6%，比全国公民（23.2%）高出22.4个百分点；通过期刊/杂志获取科技信息的比例为42.3%，比全国公民（23.1%）高出19.2个百分点；通过电视获取科技信息的比例为71.4%，比全国公民（87.7%）低16.3个百分点；通过亲友同事获取科技信息的比例为17.8%，比全国公民（27.7%）低9.9个百分点；通过广播获取科技信息的比例为15.2%，比全国公民（33.3%）低18.1个百分点；通过报纸获取科技信息的比例为13.4%，比全国公民（27.0%）低13.6个百分点。

表3　教师群体与全国公民获取科技信息的渠道

单位：%

选项	首选		其次		第三	
	教师群体	全国公民	教师群体	全国公民	教师群体	全国公民
报纸	2.0	5.2	3.3	7.4	8.1	14.4
图书	5.3	2.4	13.9	8.1	26.4	12.7
期刊/杂志	3.6	1.7	17.3	7.2	21.4	14.2
电视	9.5	31.0	43.2	43.5	18.7	13.2
广播	0.9	2.3	4.9	13.2	9.4	17.8
互联网及移动互联网	78.6	56.2	12.0	13.9	3.7	7.9
亲友同事	0.1	1.2	5.4	6.7	12.3	19.8

在互联网及移动互联网中，教师主要通过百度、必应等搜索引擎和微信、QQ、微博等社交平台获取科技信息。如图4所示，教师通过百度、必应等搜索引擎获取科技信息的比例为65.4%，通过微信、QQ、微博等社交平台获取科技信息的比例为64.3%，通过学习强国等学习教育平台获取科技信息的比例为45.6%，通过抖音、快手等短视频平台获取科技信息的比例为41.4%，通过知乎、百度知道等问答平台获取科技信息的比例为32.3%，通过科学网、果壳网等专门科普网站获取科技信息的比例为24.4%，通过新浪、网易、搜狐等门户网站获取科技信息的比例为24.4%，通过喜马拉雅等电台广播平台获取科技信息的比例为3.3%。

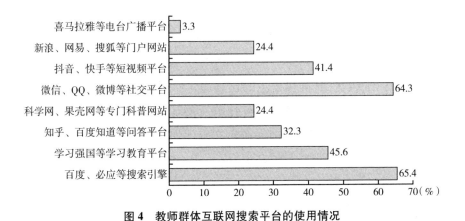

图4　教师群体互联网搜索平台的使用情况

（七）教师的科学素质与科学态度之间呈正的弱相关

为了探究教师科学素质与科学态度是否存在相关性，课题组使用R语言，针对不同的数据类型使用斯皮尔曼等级相关系数对数据之间的相关关系进行分析。结果发现，教师的科学素质总体水平以及科学知识、科学方法、科学精神与思想、应用科学的能力与教师对科技信息的感兴趣程度均存在相关性，如表4所示。尽管相关性比较显著，但是相关系数均没有超过0.3，表明变量之间均是显著的正的弱相关。

表4　教师科学素质等与教师对科技信息感兴趣程度的相关关系

类别	科技信息感兴趣程度
科学知识　相关系数	0.206 [**]
科学方法　相关系数	0.161 [**]
科学精神与思想　相关系数	0.135 [**]
应用科学的能力　相关系数	0.181 [**]
科学素质　相关系数	0.194 [**]

注：** 表示显著相关。

五 讨论与结论

（一）教师的科学素质水平显著高于全国平均水平但是仍然存在短板，高学历是教师科学素质显著高于全国平均水平的重要原因

本研究对第十二次公民科学素质抽样调查中的教师样本进行分析，教师样本与《2021年全国教育事业发展统计公报》公布的教师情况比较，二者在年龄、学历、任教阶段等方面均具有较强的一致性，因此，本次调查结果的分析具有一定程度的参考价值。但是在性别分布方面有一定差异，与性别有关的分析结果具有一定的局限性。因此，本次调查中反映的男性教师和女性教师的科学素质水平差异状况，具有一定的局限性，不能真实反映教师群体科学素质的性别差异。从科学知识的领域看，"物质与能量""工程与技术"两个领域，教师群体的得分率略低。分析认为：一方面，这与科学知识自身的难度有关，众所周知，作为物质与能量的基础——物理是最难理解的学科之一；另一方面，工程学是学龄最短的学科之一，对于许多学生、教师来说都十分陌生。[1] 并且长期以来我国重科学轻技术，工程与技术领域没有得到应有的重视。这在未来的教师科学素质提升行动中是值得关注的领域。

从调查结果看，我国教师的科学素质水平显著高于全国平均水平，且每个维度的得分均高于全国平均水平。分析原因：教师是专业人士，他们特别是自然科学类教师在日常工作中有较多的接触科学知识、体验科学方法、锻炼自己应用科学的能力以及反思自己科学精神与思想的机会；最重要的原因是被调查的教师学历多在大学专科及以上，且80%以上的被调查教师学历在大学本科及以上。学历较高，是教师科学素质水平显著高于全国平均水平的最重要原因。

---

① 刘恩山：《工程学在基础教育中的地位和作用》，《科普研究》2017年第4期。

（二）小学及幼儿园教师科学素质水平不高制约了教师科学素质整体表现，同时也成为制约学生科学素质发展的重要因素

调查结果表明，尽管小学及幼儿园教师具备科学素质的比例显著高于全国平均水平，但确实是教师群体科学素质水平的短板所在，与其他学段相比也有较大差距。

幼儿园是幼儿认识世界、走向正规教育的第一步，对幼儿的发展十分重要。幼儿教师不分学科，重点在于贯彻落实《3-6岁儿童学习与发展指南》《幼儿园教育指导纲要》，幼儿园阶段鼓励幼儿观察、记录、表达等，均属于科学素质培养的基础内容，因此幼儿园教师的科学素质对幼儿科学素质发展具有十分重要的作用。

小学是基础教育普及率最高、影响公民素养最大的学段[1]，小学阶段为学生科学素质打下良好的基础，将对我国公民科学素质水平量和质的提升均起到重要作用。由于我国小学科学教师专职少、兼职多、专业匹配度低[2]、跨学科教学技能不足[3]，小学科学课被定为"副科"等因素，小学科学教师对小学生科学素质水平的影响被削弱，因此所有小学教师的科学素质水平就成为小学生科学素质水平的天花板，尤其常常担任班主任的语文学科教师和数学学科教师，他们对小学生的影响更为显著。

（三）与预期一致，中、西部地区教师科学素质总体低于东部地区，自然科学类教师科学素质状况最好；出乎意料，教师科学素质水平的城乡差异较小

调查结果表明，东部地区、中部地区、西部地区教师科学素质水平呈梯

---

[1] 刘恩山：《〈义务教育小学科学课程标准〉的变化及其影响》，《人民教育》2017年第7期。

[2] 朱家华、崔鸿：《小学科学教师专业化发展现状调查研究——以湖北省为例》，《中国考试》2018年第8期。

[3] 杨伊、夏惠贤、王晶莹：《减负增效视角下我国科学教师专业发展困境的审视》，《上海教育科研》2021年第1期。

次递减，与东部地区相比，中部和西部地区教师科学素质水平较低。这与我国公民科学素质状况的趋势是一致的，且长期以来，受经济等条件的影响，我国中、西部地区的教育资源以及师资等情况与东部地区有一定的差距，本次调查结果也支持早期的预期。同时，从所教学科的角度出发，所教学科为自然科学类的教师科学素质状态最好，其后依次是社会科学类和艺术类。毫无疑问，所教学科为自然科学类的教师，在工作中有更多接触科学的机会，也有更多运用科学知识和科学能力的机会，这些均可以使其科学素质水平保持在一定的水准。社会科学类和艺术类教师所教学科与科学相距较远，无法从工作内容上获得科学素质的提升。

本次调查中，教师科学素质水平的城乡差异较小，这与一般的认知情况不一致。可能的原因之一为调查的局限性，本次调查非专项针对教师开展的调查，而是对第十二次全国公民科学素质调查中的教师样本进行分析，在本次调查中，教师的城镇样本不代表在城镇学校中教学的教师而是表示居住在城镇中的教师，同样，教师的农村样本不代表在农村学校中教学的教师而是表示居住在农村地区的教师，这会对调查结果产生一定的影响。第二个可能原因为城乡并非教师科学素质的影响因素，也就是说只要达到一定的学历水平，无论居住地是城镇还是农村，教师的科学素质均会达到差不多的水平，但是这个结论有待进一步开展精准调查进行验证。

（四）教师具有积极的科学态度是培养青少年学生积极科学态度的有利因素

调查结果表明，我国教师群体具有积极的科学态度，特别是对于基础科学研究十分支持，赞成"尽管不能马上产生效益，但是基础科学的研究是必要的，政府应该支持"的比例为98.0%。习近平总书记在主持中共中央政治局第三次集体学习时强调，加强基础研究，是实现高水平科技自立自强的迫切要求，是建设世界科技强国的必由之路。教师是教育活动最直接的承担者，是国家各类课程标准的实施者，是对学生影响最大的人群之一。教师对基础科学研究的积极态度，对于激发亿万学生认识和了解基础科学研究的热情是十分有利的。

习近平总书记在科学家座谈会上的讲话中指出：好奇心是人的天性，对科学兴趣的引导和培养要从娃娃抓起。科学兴趣是科学态度的重要表现，要培养一大批具备科学家潜质的青少年，促进青少年学生养成积极的科学态度是基础。毫无疑问，广大教师群体具有积极的科学态度，将极大地促进我国青少年学生积极科学态度的培育。

六 对策建议

习近平总书记在中共中央政治局第三次集体学习时强调：要在教育"双减"中做好科学教育加法，激发青少年好奇心、想象力、探求欲，培育具备科学家潜质、愿意献身科学研究事业的青少年群体。2023年5月，教育部等十八部门联合印发《关于加强新时代中小学科学教育工作的意见》，提出深入贯彻习近平总书记在二十届中共中央政治局第三次集体学习时的重要讲话精神，系统部署在教育"双减"中做好科学教育加法，支撑服务一体化推进教育、科技、人才高质量发展。在教育"双减"中做好科学教育加法，毫无疑问，教师是最关键最核心的要素，同时，不仅科学教师是关键要素，所有教师包括各个学科各个学段的教师都是做好科学教育加法的关键人群。基于此，本研究从定位导向、体系构建、时限内容、区域重点和研究展望等方面对促进教师科学素质提升提出如下建议。

一是高度重视教师科学素质提升，深入落实好《全民科学素质行动规划纲要（2021—2035年）》中的教师科学素质提升工程和《新时代基础教育强师计划》中提升中小学教师科学素质的要求。百年大计，教育为本。教育大计，教师为本。习近平同志在党的二十大报告中强调要坚持为党育人、为国育才，全面提高人才自主培养质量，着力造就拔尖创新人才，聚天下英才而用之。高质量教师是高质量教育发展的中坚力量，是建设教育强国的根基。科学正在以前所未有的影响力影响着每个人的生活，科学的思维方式以及基于科学做出决策可以帮助公民在科学和技术高度发达的社会中更好地生活。培养和提升所有人的科学素质，各个学段的教师都起到非常关键的作用，教师自身的科学素质水平对其培养学生科学素质会产生制约作用。也就是说，教师自身的科学素质水平不高，那么他很难较好地培养学生的科学素质。做好科学教育加法，首先要提升教师的科学素质。重视教师科学素质提升，要深入落实好《全民科学素质行动规划纲要（2021—2035 年）》中提出的"教师科学素质提升工程"，促进各级教师科学素质提升。

二是构建系统的教师科学素质建设体系，创设有效的教师科学素质提升和发展路径。近年来，科学教育逐渐受到重视，科学教师培养和师资队伍建设也得到前所未有的重视。面对科技创新人才短缺，我国面临的"卡脖子""卡嗓子"等问题，一方面需要大力发展科学教育，大力培养科技创新拔尖人才；另一方面也需要培养全体学生的科学素质。但是受考试评价等的影响，一些学生在初中毕业后就不再学习科学相关课程。需要各级教师包括大学和研究生阶段的教师具有较高的科学素质水平，从而不断影响学生，促进所有学生特别是学习文科或者艺术类的学生提升科学素质。建议从国家层面构建教师科学素质建设体系，构建教师科学素质培养标准，强化教师职前培训中科学精神和科学家精神的培养，加强科技前沿内容和科学方法、科学思维的培训；加强各级各类在职教师的科学素质培养工作，建设线上教师能力提升资源，满足各级各类教师的个性化需求。

三是重点关注小学及幼儿园教师科学素质水平的提升。调查表明，我国小学及幼儿园教师科学素质水平明显低于其他任教阶段教师。小学和幼儿园阶段是基础教育中的关键阶段，小学和幼儿园阶段教师的科学素质水平对学生成长中早期科学素质的形成有重要作用。一方面，采取激励措施，吸引高学历高素质人才投入小学和幼儿园教育中；另一方面，加强针对小学和幼儿园教师的科学素质培训，并开展监测评估工作，加强职后科学素质培训。在小学和幼儿园教师的科学素质培训中，加强教师对物质与能量、工程与技术领域的知识培训。

四是注重中部和西部地区教师科学素质水平的提升。本次调查显示，我国中部和西部地区教师科学素质明显低于东部地区。对此，一方面，加强顶层师资建设，加大力度开展中部和西部地区教师科学素质提升工程，组织开展专项教师科学素质水平摸底调查，建立激励机制；另一方面，拓宽中部和西部地区教师科学素质提升通道，鼓励高校、科研单位开展教师科学素质研究工作，鼓励科学家和学者开展中西部地区教师科学素质培训工作。

五是加强教师科学素质研究，深入挖掘影响教师科学素质提升的关键因素，促进教师科学素质水平提升。研究是破解发展问题的基础，只有充分的彻底的详细的教师科学素质研究，才能深入挖掘影响教师科学素质提升的关键因素。建议设置专门的研究项目，加大投入力度，鼓励各个领域针对不同级别不同领域的教师开展多层次全方位的研究；以特定区域特定领域为背景，开展实证研究，找到基于中国背景的教师科学素质提升的策略和办法。

产业工人科学素质发展状况分析

苏 虹 任 磊 冯婷婷 马崑翔 董容容*

摘 要: 基于第十二次中国公民科学素质抽样调查,选取 18~59 岁的劳动者,对其科学素质发展情况进行分析。研究结果显示,产业工人具备科学素质的比例为 19.99%,高于全国总体水平,但其城乡和区域差异明显,其科学素质水平随受教育程度提高呈阶梯式骤升,产业工人对科技发展的态度整体积极,对科技信息的兴趣高于全国总体水平。新生代"90 后"产业工人的科学素质水平最高,其次是"80 后"产业工人,最后是第一代产业工人;第一代产业工人对科技的支持态度和科学发展理念分数最高,其次是"80 后"产业工人,最后是"90 后"产业工人。整体来看,劳动者获取科技信息的内部动机高于外部动机,年龄与内部动机呈显著负相关,与外部动机呈显著正相关。进一步探索科学素质影响年龄与动机的关系发现,科学素质在年龄和内部动机、年龄和外部动机之间均存在调节效应。基于此,本研究提出如下结论和建议,产业工人科学素质水平高于全国总体水平但差异不显著,教育结构和年龄结构是不显著的重要原因。产业工人的科学素质水平随年龄升高呈下降趋势,与教育结构和教育质量关系密切。因此,我们需关注不同年龄劳动者的动机驱动差异,稳定内部动机与科学素质关系的良性循环,弘扬科学精神紧抓外部动机三层次的递进式驱动。依据劳动者科学素质的人物画像,构建年龄、科学素质和动机类型的细致分类,实现"精准滴灌"的科普路线等。

---

* 苏虹,心理学博士,中国科普研究所博士后,现就职于首都医科大学附属北京安定医院临床心理中心;任磊,中国科普研究所副研究员,研究方向为公民科学素质监测评估理论与实践等;冯婷婷,中国科普研究所科研助理,研究方向为公民科学素质监测评估理论与实践等;马崑翔,中国科普研究所助理研究员,研究方向为公民科学素质监测评估理论与实践等;董容容,中国科普研究所科研助理,研究方向为数字素养与技能监测评估、科学传播。

关键词： 产业工人 科学素质 中国公民科学素质抽样调查

一 引言

工人阶级是随着大工业的发展，随着科技对工业进程的参与而日益壮大起来的[①]，国外有学者认为在信息时代，机器人、人工智能会取代大量劳动力，工人阶级伴随科技的发展也会消失。习近平总书记指出：工人阶级是我们党最坚实最可靠的阶级基础，历史赋予工人阶级和广大劳动群众伟大而艰巨的使命，无论时代条件如何变化，我们始终重视发挥工人阶级和广大劳动群众的主力军作用。[②] 基于我国国情，那种无视我国工人阶级成长和进步的观点，无视我国工人阶级主力军作用的观点，以为科技进步条件下工人阶级越来越无足轻重的观点，都是错误的、有害的。[③] 习近平总书记强调，中国式现代化是人口规模巨大的现代化，我们的现代化既是最难的，也是最伟大的。从这个角度看，紧紧依靠工人阶级是必不可少的，工人阶级代表先进生产力。

2001 年国家统计局发布的《第三次全国工业普查主要数据公报》中对工人的称谓是"工业劳动者"，2004 年出台的《中共中央 国务院关于促进农民增加收入若干政策的意见》指出，"进城就业的农民工已经成为产业工人的重要组成部分"，第一次给农民工以"产业工人"的正式"名分"，也开始重新规划对产业工人的认定标准。2017 年 6 月印发的《新时期产业工人队伍建设改革实施方案》明确了产业工人的认定标准，我国产业工人主要是指在第一产业的农场、林场，第二产业的采矿业、制造业、建筑业，以及电力、热气、燃气及水生产和供应业，第三产业的交通运输、仓储及邮政

---

① 许斗斗、宁杰：《科技时代我国工人阶级主体地位的新阐释》，《理论探讨》2017 年第 6 期。
② 习近平：《在庆祝"五一"国际劳动节暨表彰全国劳动模范和先进工作者大会上的讲话》，《中国工运》2015 年第 5 期。
③ 许斗斗、宁杰：《科技时代我国工人阶级主体地位的新阐释》，《理论探讨》2017 年第 6 期。

业和信息传输、软件信息技术服务业等行业中从事集体生产劳动，以工资收入为生活来源的工人。

中国式现代化需要怎样的产业工人？人口发展是关系中华民族伟大复兴的大事，必须着力提高人口整体素质，以人口高质量发展支撑中国式现代化。习近平总书记强调，没有全民科学素质普遍提高，就难以建立起宏大的高素质创新大军，难以实现科技成果快速转化。《全民科学素质行动规划纲要（2021—2035年）》提出了"十四五"时期的新目标，2025年我国公民具备科学素质的比例超过15%，各地区、各人群科学素质发展不均衡状况明显改善。习近平总书记在二十届中央财经委员会第一次会议上强调，加快建设以实体经济为支撑的现代化产业体系，以人口高质量发展支撑中国式现代化。① 我国处于工业化的中后期进程，经济高速增长的持续保持对产业升级和转型的需求日益增强，产业变革除了先进科学技术发挥作用外，对劳动力的素质也提出了更高的要求。在高端制造企业，一线工人接触的都是人工智能、视觉识别、数字化操作等数智技能。② 如此可见，如果科学技术不能被劳动者掌握，科学技术就走不出"象牙塔"，不能转化为现实生产力。③ 科技和劳动者的关系，并不是只有机器人能替代工人，工人还能给机器人当"师傅"。④ 我国重视推动产业工人伴随科技进步不断成长，在党的十九大报告中对劳动者素质的要求是建设知识型、技能型、创新型劳动者大军，大力弘扬劳模精神和工匠精神。2017年6月，中共中央、国务院印发《新时期产业工人队伍建设改革方案》（以下简称《改革方案》），明确提出要把产业工人队伍建设作为实施科教兴国战略、人才强国战略、创新驱动发展战略的重要支撑和基础保障。总之，中国式现代化需要有知识、有技能、能创新

---

① 《习近平主持召开二十届中央财经委员会第一次会议强调 加快建设以实体经济为支撑的现代化产业体系 以人口高质量发展支撑中国式现代化》，新华网，2023年5月5日。
② 王维砚、陈晓燕：《开启产业工人成长"黄金时代"》，《工人日报》2023年3月12日，第5版。
③ 安远超：《工人阶级是当代科技革命的主体》，《工会理论与实践（中国工运学院学报）》2003年第4期。
④ 蒋菡：《让更多产业工人成为技术创新的生力军》，《工人日报》2023年3月8日，第4版。

的产业工人。

如何培养现代化产业需要的产业工人队伍？产业基础高级化与产业链现代化要求塑造一支可以和世界上最先进的产业工人相媲美的新型产业工人队伍。[①]《改革方案》实施后，各有关部门纷纷出台相关政策、方案。首先，从职业技能培训和职业教育提质方面培养产业工人，国务院办公厅印发的《职业技能提升行动方案（2019—2021年）》，教育部等九部门印发的《职业教育提质培优行动计划（2020—2023年）》，以及《"十四五"职业技能培训规划》，均明确了终身职业技能培训的重要性，并部署了职业技能提升行动，提升劳动者就业创业能力。其次，从素质建设方面推动产业工人的整体素质和科学素质提升，中华全国总工会印发的《全国职工素质建设工程五年规划（2021—2025年）》明确职工队伍整体素质建设是一项战略任务，国务院印发的《全民科学素质行动规划纲要（2021—2035年）》[②]（以下简称《科学素质纲要》）提出产业工人的科学素质提升行动，《2023年全民科学素质行动工作要点》明确实施技能中国行动，健全终身职业技能培训制度等。各省区市也积极开辟产业工人从"工"到"匠"新路径，从政策、表彰、培训学习、收入、保障等方面全力推动产业工人队伍建设改革纵深发展。我国对产业工人队伍的关注多聚焦于职业技能、培训和竞赛等方面，结果也显示在提升产业工人的技术技能、完善其素质结构、优化其体制机制等方面取得了一系列成效和经验。研究发现科学素质水平随年龄增长呈依次递减状态[③④]，在不同年龄人群科学素质仍不均衡的状况下，如何进一步改善呢？科学素质提升是结果，科学技术普及是途径。习近平总书记倡导广大科技工作者把弘扬科学精神、传播科学思想、倡导科学方法、普及科学知识作

---

① 刘金山：《谁来当新时代的产业工人——产业基础高级化与产业链现代化的人才需求》，《青年探索》2021年第1期。
② 《国务院印发〈全民科学素质行动规划纲要（2021—2035年）〉》，《科普研究》2021年第3期。
③ 高宏斌、任磊、李秀菊等：《我国公民科学素质的现状与发展对策——基于第十二次中国公民科学素质抽样调查的实证研究》，《科普研究》2023年第3期。
④ 何薇、张超、任磊等：《中国公民的科学素质及对科学技术的态度——2020年中国公民科学素质抽样调查报告》，《科普研究》2021年第2期。

为义不容辞的责任，为达到有效科普、实现科学素质提升的效果，普及科技信息的过程需要以公民的主体地位，尤其是其获取科技信息的动机为中心。科技信息生产者虽然使用各种技术无限迎合公民的需要，但是真正操作点击、转发按钮的手仍然受个体动机的控制。在关注公民的普遍心理之外，还要针对不同年龄人群关注其个性心理，以此改善科技信息普及的路径。

产业转型背景下产业工人的素质现状如何？科技创新与大国博弈的关键是人才的竞争、劳动者素质的竞争。高质量发展离不开高质量的劳动力，劳动力的质量可以用技能来衡量。[1] 各国政府只有掌握劳动力能力水平的准确信息，才能对教育和培训系统进行有效干预，使劳动力市场的发展变化符合社会经济发展与国际竞争的需求。[2] 目前，有几项针对劳动力的测评项目，一是国际成人能力评估计划（PIAAC），它是国际经济合作与发展组织（OECD）于2007年启动的项目，主要考查成年人的文字能力、数字能力、高技术环境下解决问题的能力以及工作中使用的技能。[3] PIAAC做了较多的国际比较，与我国高质量发展的产业转型和对劳动者素质的需求不完全匹配。二是全国职工队伍调查，第九次（2021年）调查[4]针对职工就业状况、收入分配、养老保险、职业安全、职业卫生、劳动争议、劳动权益、敬业度等方面，并不涉及产业工人知识、技能、创新素质等方面。三是公民科学素质抽样调查，第十二次中国公民科学素质抽样调查[5]（2022年）中包括产业工人这一重点人群，分别对其科学知识、科学方法、科学精神与思想、应用科学的能力进行调查。本研究基于本次调查分析产业工人的科学素质特点，以评估产业工人的科学素质是否适应产业转型的需求。

① 王韵含、高文书：《中国劳动力技能回报率到底如何测度？——基于省级调查数据的实证研究》，《北京工商大学学报》（社会科学版）2019年第2期。
② 戴婧晶：《国际社会对成人能力评价的新探索——来自经合组织2011-2013年国际成人能力评价项目的启示》，《北京广播电视大学学报》2014年第1期。
③ 张晓超、陈明昆、王瑞敏：《OECD成人问题解决能力评估发展趋势研究——基于ALL、PIAAC1、PIAAC2的成人问题解决能力评估比较》，《成人教育》2022年第9期。
④ 燕晓飞主编《中国职工状况研究报告（2022）》，社会科学文献出版社，2023。
⑤ 《中国公民科学素质统计调查制度》，国家统计局网站，2022年9月26日。

提升产业工人科学素质，需要全社会一起推动科技教育、传播和普及，科普公共服务能力则需全面扩面、提质、增效。[①] 探其本质，提效在于增强科普的针对性和推动性以提高科普公共服务的效果，换句话说，科技信息普及需着眼于推动全民对其的获取，需对不同类型公民开展针对性普及。借用总书记 2018 年在打好精准脱贫攻坚战座谈会上的讲话：对症下药、精准滴灌、靶向治疗。科普推动性和针对性路径的探索任重而道远，本报告由三个研究组成，研究一描述了产业工人科学素质的基本情况，研究二是基于不同年龄产业工人的特点，继续探索不同年龄产业工人的科学素质差异，研究三是基于公民科学素质抽样调查，从科普"动机驱动"和"精准滴灌"的角度进行实证分析、展开讨论，希望为科普推动性和针对性路径探索提供一些借鉴。

二　数据来源和变量说明

（一）数据来源

本报告使用数据来自第十二次中国公民科学素质抽样调查，此次调查设计样本量达到 28.3 万个，调查范围覆盖我国 31 个省（自治区、直辖市）和新疆生产建设兵团的 18~69 岁公民，回收有效样本 28.0 万个。该调查获得了全国公民科学素质发展状况、公民获取科技信息和利用科普设施的情况，以及公民对科学技术的兴趣、需求和态度等方面的翔实数据。本次调查考察科学知识、科学方法、科学精神与思想、应用科学的能力等四个方面指标，权重分别为 40%、20%、20%、20%，总分 100 分，当总得分超过 70 分即判定为具备科学素质。[②] 一个国家公民科学素质水平用具备科学素质公民占 18~69 岁总人口的百分比表示。本次调查使用 R 软件对数据进行 IRT 模

[①] 《全民科学素质行动规划纲要（2021—2035 年）》，人民出版社，2021。
[②] Miller J. ，"The Sources and Impact of Civic Scientific Literacy，" A Paper Presented at the Workshop of International Indicators of Science & the Public，2007.

型的分析，得到公民的科学素质分数，并依据上述判定确定该公民是否具备科学素质。本研究在此基础上使用 SPSS 22.0 进行数据分析。

经统计，有 42755 名产业工人参与了本次调查。从性别来看，男性34524 人（占比 80.7%），女性 8231 人（占比 19.3%）；从所在地区来看，城镇居民 34296 人（占比 80.2%），农村居民 8459 人（占比 19.8%）；从受教育程度来看，小学及以下 625 人，初中 6370 人，高中（中专、技校）12037 人，大学专科 10385 人，大学本科 11739 人，研究生及以上 1599 人，其中初中及以下的产业工人占比 16.4%，高中及以上的产业工人占比83.6%，大学专科及以上的产业工人占比 55.5%，大学本科及以上的产业工人占比 31.2%；从年龄来看，本次调查中产业工人的平均年龄为 38 岁，18~29 岁产业工人 9361 人（21.9%），30~39 岁产业工人 15330 人（35.9%），40~49 岁产业工人 10531 人（24.6%），50~59 岁产业工人 7533人（17.6%）；从数据收集途径来看，利用线上调查收集 33539 份问卷，线下调查收集 9216 份问卷。

（二）变量说明

1.科学素质

对照国际通行的测评标准，调查问卷考察科学知识、科学方法、科学精神与思想、应用科学的能力四个方面指标，权重分别为 40%、20%、20%、20%，总分 100 分，当总得分超过 70 分即判定为具备科学素质。

2.产业工人对科技信息的兴趣和动机

关于我国公民对科技信息的兴趣和动机状况，问卷中 C1 题询问了公众对科技信息感兴趣的程度（非常感兴趣、比较感兴趣、一般、不太感兴趣、非常不感兴趣），作为判断公众科技兴趣的变量；C2 题针对 C1 选择一般、比较感兴趣、非常感兴趣的公众进一步询问其了解科技信息的原因，被访者针对几种原因在"首选"和"其次"等选项上进行选择。题项举例："对特定科技主题感兴趣""解决具体问题"等。因研究需要，本报告将问卷中 C2 题的变量进行重新编码和赋值（首选 = 2 分、次选 = 1 分），将这些题目作为判断公众对科技感兴趣的动机变量，并区分内部动机和外部动机。

3. 产业工人获取科技信息的渠道

针对我国公民获取科技信息的渠道状况，调查设置了 D1 题由受访者对日常生活中七个获取科技信息的渠道进行"首选""其次""第三"的选择，题项举例：报纸、电视、互联网及移动互联网等，此题目为判断公众获取科技信息的渠道变量。

问卷中 D1a 题对 D1 中选择"互联网及移动互联网"渠道的受访者进一步询问，受访者对八个网络渠道在"首选""其次""第三"的选项上做出选择，题项举例：微信、QQ、微博等社交平台，新浪、网易、搜狐等门户网站，学习强国等学习教育平台等。因研究需要，对问卷中该题目的变量进行重新编码和赋值（首选 = 5、次选 = 3、第三 = 1），将这些题目作为判断公众获取科技信息的网络渠道变量，并区分主动搜索和被动推荐两种类型。

4. 产业工人参加培训和学习、竞赛比武和评选情况

问卷的 H 部分调查了产业工人参加培训和学习、竞赛比武和评选的情况。其中，参加培训和学习包括职业培训、与科技相关的学习、工作室培训基地等活动，参加竞赛比武和评选包括生产比武、劳动技能竞赛、"五小"、创业创新大赛、职业技能鉴定、"最美职工"和"工人先锋号"。然后，调查参加过这些项目的产业工人对其是否有用或是否有收获的评价。

5. 产业工人获取科技信息的动机

本研究存在两个因变量：内部动机和外部动机，因变量的测量说明如下。

关于我国公民获取科技信息的动机状况，项目组在问卷中设计了 C2 部分，询问公众获取科技信息的原因。根据问卷逻辑，回答 C2 部分是在 C1 题目中明确表示对科技信息感兴趣的受访者，其他受访者无法作答。受访者在六种原因的"首选"和"其次"选项上进行选择。题项举例："①对特定科技主题感兴趣""②主动自我提升""③解决具体问题""④家庭和工作

需要""⑤打发时间""⑥其他"。将这些题目作为判断公众对科技感兴趣的动机变量，并根据上述动机的理论和定义区分为内部动机①②和外部动机③④⑤，同时将⑥题项的作答剔除。

因受访者对"首选"和"其次"的选择无法直接进行数据处理，本研究将其进行转换，将受访者在题项上的选择进行重新编码和赋值，将选择"首选"的题项赋分为2，将选择"其次"的题项赋分为1，内部动机得分是①+②，外部动机得分是③+④+⑤。

三 产业工人科学素质的基本情况分析

（一）研究结果

1. 产业工人具备科学素质的比例为19.99%，高于全国总体水平；科学素质中掌握科学方法和应用科学的能力突出

本次调查显示，产业工人具备科学素质的比例为19.99%，高于我国公民总体具备科学素质的比例（12.93%）。产业工人在科学方法（总分20分）上的平均得分为12分，高于全国总体的平均得分（10分），应用科学的能力（总分20分）的平均得分为12分，同样高于全国总体的平均得分（10分）。尤其是在新领域新赛道①的相关题目上，产业工人回答科学方法题目的正确率为68.31%，高于回答总体题目的正确率（59.00%）；回答应用科学的能力相关题目的正确率为61.97%，高于回答总体题目的正确率（59.00%）。

从性别来看，产业工人队伍中男性具备科学素质的比例高于女性，男性具备科学素质的比例提升更快。男性具备科学素质的比例为21.8%，高出全国男性具备科学素质的比例7.03个百分点，女性具备科学素质的比例为15.3%，高出全国女性具备科学素质的比例4.32个百分点。

---

① 李洪兴：《新领域新赛道 新动能新优势》，《人民日报》2022年10月21日。

从年龄来看，产业工人中青年群体具备科学素质的比例较高，且具备科学素质的比例随年龄增长呈依次递减状态。18~29 岁、30~39 岁、40~49 岁、50~59 岁产业工人具备科学素质的比例分别为 29.8%、23.5%、17.6%、10.9%。

2. 产业工人科学素质的城乡和区域差异明显，高素质年轻人多集中在东部地区

本次调查显示，产业工人中城镇居民具备科学素质的比例高于农村居民，东、中、西三个区域产业工人具备科学素质的比例依次降低。

从城乡来看，城镇产业工人具备科学素质的比例为 20.6%，高出全国城镇居民（15.94%）4.66 个百分点，农村产业工人具备科学素质的比例为 17.4%，高出全国农村居民（7.96%）9.44 个百分点。产业工人科学素质的城乡差距为 3.2 个百分点，低于全国公民科学素质总体水平的城乡差异（7.98 个百分点）。从地区来看，东部、中部、西部地区产业工人具备科学素质的比例分别为 21.8%、19.6% 和 16.4%，分别高于东、中、西部地区公民具备科学素质的比例（15.3%、12.0% 和 10.3%）。

产业工人的科学素质在区域上存在一定程度的发展不平衡现象，高素质年轻产业工人多集中在东部地区，相比之下中部和西部地区的人才红利较弱。具体结果如图 1 所示，东部地区 18~29 岁产业工人具备科学素质的比例为 34.17%，比 30~39 岁产业工人高 9.65 个百分点；中部地区两个年龄段人群差 5.79 个百分点；西部地区两个年龄段人群只差 1.34 个百分点。东部地区 30~39 岁产业工人具备科学素质的比例为 24.52%，比 40~49 岁产业工人高 7.20 个百分点；中部地区两个年龄段人群差 5.25 个百分点；西部地区两个年龄段人群只差 3.75 个百分点。

3. 产业工人科学素质水平随受教育程度提高呈阶梯式骤升，大学本科及以上学历产业工人具备科学素质的比例是大学专科学历的近两倍

本次调查从产业工人受教育程度的层面分析，发现产业工人具备科学素质的比例随受教育程度提高呈阶梯式骤升（见图 2）。大学本科及以上学历产业工人的科学素质水平是大学专科学历产业工人科学素质水平的近两倍，

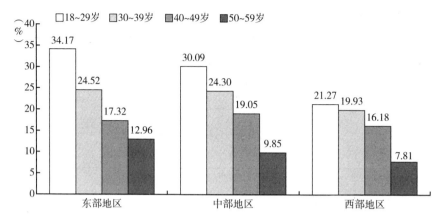

图1 东、中、西部地区不同年龄产业工人具备科学素质的比例

这有力说明受教育程度对科学素质水平的影响，尤其是高层次教育具有重要的影响。

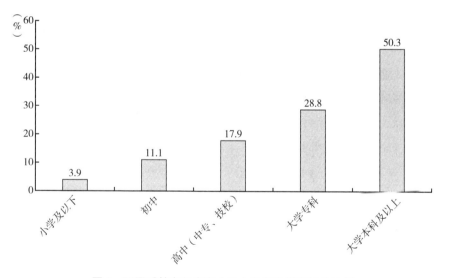

图2 不同受教育程度产业工人具备科学素质的比例

4. 产业工人对科技发展的态度整体积极，具备科学素质比不具备科学素质的产业工人支持科技发展的态度更积极

产业工人支持科技发展的态度总体较积极（5级计分，非常反对计1

分，非常赞同计 5 分），平均得分为 4.57 分。具备科学素质的产业工人支持科技发展的态度平均得分为 4.67 分，不具备科学素质的产业工人支持科技发展的态度平均得分为 4.55 分，可见具备科学素质的产业工人整体态度更加积极（具体比例见表 1）。

表 1　产业工人和全国公民对科技发展的态度

单位：%

态度	产业工人	全国总体水平
赞成"公众对科技创新的理解和支持，是建设科技强国的基础"	94.6	91.0
赞成"尽管不能马上产生效益，但是基础科学的研究是必要的，政府应该支持"	93.1	90.1
赞成"政府应该通过举办听证会等多种途径，让公众更有效地参与科技决策"	88.8	87.7
反对"持续不断的技术应用最终会毁掉我们赖以生存的地球"	41.5	35.5

5. 产业工人对科技信息感兴趣的程度高于全国总体水平，具备科学素质比不具备科学素质的产业工人对科技信息的兴趣更高；具备科学素质的产业工人内部动机更高，不具备科学素质的产业工人外部动机更高

产业工人对科技信息感兴趣的比例达到 93.4%（感兴趣的具体原因见表 2），高于全国总体水平的 88.1%，平均得分 3.73 分，高于全国总体水平的 3.59 分，但低于学生（3.85 分）、领导干部和公务员（3.92 分）。具备科学素质的产业工人对科技信息的兴趣平均得分为 4.02 分，不具备科学素质的产业工人对科技信息的兴趣平均得分为 3.67 分。其中，在对科技信息感兴趣的产业工人中，具备科学素质的产业工人了解科技信息的内部动机平均得分更高，比如对特定科技主题感兴趣、主动自我提升等，而不具备科学素质的产业工人了解科技信息的外部动机平均得分更高，比如解决具体问题、家庭和工作需要等。

表2 产业工人对科技信息感兴趣的原因

单位：%，分

分类	原因	产业工人选择比例	具备科学素质的产业工人（平均值）	不具备科学素质的产业工人（平均值）
外部动机	家庭和工作需要	35.7	0.92	1.10
	解决具体问题	34.2		
内部动机	主动自我提升	34.6	1.01	0.91
	对特定科技主题感兴趣	31.0		

6.产业工人获取科技信息的途径首选互联网，具备科学素质的产业工人通过互联网获取科技信息倾向主动搜索，不具备科学素质的产业工人倾向被动推荐

从产业工人获取科技信息的途径来看（见图3），通过互联网获取科技信息排在第一位，通过电视获取排在第二位，这一趋势反映了产业工人网络学习方式的鲜明时代特点。从具备科学素质的产业工人来看，除互联网和电视以外，他们通过图书获取科技信息排在第一位，通过期刊/杂志获取排在第二位，表现出他们对科技信息的系统化获取。

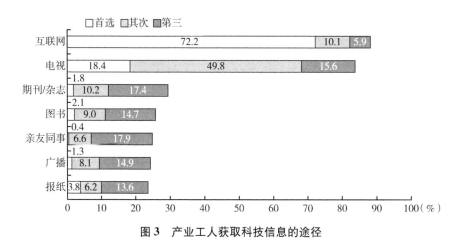

图3 产业工人获取科技信息的途径

通过网络渠道获取科技信息成为当今时代最主要的学习方式，目前的网络渠道包括主动搜索和被动推荐两种方式，在本次调查的网络渠道中，属于

主动搜索的渠道包括搜索引擎、科普网站、学习教育平台、问答平台，属于被动推荐的渠道包括社交平台、短视频平台、门户网站、电台广播平台。本次调查发现（具体比例见表3），产业工人通过被动推荐获取科技信息的比例为60%，通过主动搜索获取科技信息的比例为51%。他们更倾向于通过被动推荐的渠道获取。其中，具备科学素质的产业工人更倾向于主动搜索，不具备科学素质的产业工人更倾向于被动推荐。

表3　产业工人获取科技信息的渠道

单位：%，分

分类	渠道	产业工人选择比例	具备科学素质的产业工人（平均值）	不具备科学素质的产业工人（平均值）
主动搜索	百度、必应等搜索引擎	68.6	2.24	2.01
	学习强国等学习教育平台	22.2		
	知乎、百度知道等问答平台	24.0		
	科学网、果壳网等专门科普网站	19.7		
被动推荐	微信、QQ、微博等社交平台	73.2	1.93	2.53
	抖音、快手等短视频平台	63.1		
	新浪、网易、搜狐等门户网站	23.5		
	喜马拉雅等电台广播平台	5.7		

7. 产业工人素质提升行动的参与有待更广泛动员

调查发现，在产业工人技能和素质提升培训中，有48.6%的产业工人参加过职业培训，参加过培训的产业工人中有72.4%只是偶尔参加。有25.9%的产业工人参加过与科技相关的学习、考察、展览等，参加过的产业工人中有86.9%只是偶尔参加。在产业工人技能和素质评比中，有18.9%的产业工人参加过生产比武、劳动技能竞赛，参加过的产业工人中有81.1%只是偶尔参加。仅有7.6%的产业工人参加过"五小""创业创新大赛"等技术创新活动。有32.8%的产业工人参加过职业技能鉴定。有15.2%的产业工人参加过"最美职工""工人先锋号"等评选活动。在参加过生产比武和劳动技能竞赛、技术创新活动、职业技能鉴定、评选活动的产业工人中，觉得有收获（有很大收获、有一定收获）的平均比例为90.6%。在参加过职业培训，与科技相关的学习、考察和展览等，工作室培训基地等活动的产业工人中，觉得有用（比较有用、非常有用）的平均比例为77.25%。

（二）研究结论

1. 产业工人的教育结构和年龄结构是制约科学素质发展的重要原因

教育是公民具备科学素质的基础[①]，也是有效提升公民科学素质的重要途径[②]。平均受教育年限是一个量化指标，我国劳动年龄人口平均受教育年限从2011年的7.5年上升到2021年的10.9年[③]，2022年新增劳动力平均受教育年限达14年，说明我国教育进一步普及，劳动力的科学文化素质也将有质的飞跃。在产业工人的科学素质调查中也观察到，随着受教育程度的提高，科学素质水平越来越高。从本次调查产业工人的教育结构来看，大学本科及以上的产业工人仅占比31.2%，但具备科学素质的比例高达50.3%，由此可见，产业工人的教育结构成为制约其科学素质发展的重要因素。

青年是祖国的前途、民族的希望、创新的未来。本次调查发现，中青年产业工人具备科学素质的比例较高，具备科学素质的比例随年龄增长呈依次递减状态。从产业工人的年龄角度看，第九次全国职工队伍状况调查（2022年）中产业工人平均年龄为38.29岁[④]，本次调查中产业工人的平均年龄为38岁，都反映了年轻人少、中年人占多数的状况，这同样成为制约产业工人科学素质发展的重要因素。这也给我们带来一个社会现象的讨论：

[①] 任磊、张超、何薇：《中国公民科学素养及其影响因素模型的构建与分析》，《科学学研究》2013年第7期。

[②] 沈贵：《论教育与我国公民科学素质建设》，《南京林业大学学报》（人文社会科学版）2007年第2期。

[③] 闵维方：《教育在促进高质量发展中的战略作用》，《教育与教学研究》2023年第2期。

[④] 王韵含、高文书：《中国劳动力技能回报率到底如何测度？——基于省级调查数据的实证研究》，《北京工商大学学报》（社会科学版）2019年第2期。

年轻人越来越不愿意进厂当产业工人。当前，我国劳动力（尤其是青年人）就业存在"离制造业"现象，产业工人成了全社会各阶层就业取向中的边缘地带甚至是最边缘的地带。① 年轻劳动力的主力军是"90 后"和"00后"，他们的成长环境和受教育状况要优于老一辈，伴随高科技发展其择业范围也更广，不少年轻人选择外卖行业、快递行业、网约车行业、直播行业等，不愿进工厂，长此以往，产业工人队伍越来越老龄化，其科学素质水平也会受教育结构和年龄结构的影响而呈降低趋势。

2. 产业工人科学素质的城乡差异存在，但其差异低于全国总体差异

产业工人科学素质的城乡差异低于全国公民科学素质的城乡差异。在乡村振兴战略背景下，农村得到新的发展，农民的素质也得到新的提升。农村在基础设施建设深入推进、电子商务进农村、推进农村流通现代化、城乡融合发展体制机制逐步完善等方面提升了发展质量。我国农村一二三产业逐渐融合发展，企业兼并重组、淘汰落后产能，农村剩余劳动力在第一产业内部转移和向第二产业、第三产业转移，大大推动农村产业工人的科学素质提升，培育乡村发展新动能。

3. 具备科学素质的产业工人支持科技发展的态度更积极，获取科技信息的内部动机更高，通过互联网获取科技信息的搜索行为更主动

习近平总书记强调，"要加强国家科普能力建设，深入实施全民科学素质提升行动，线上线下多渠道传播科学知识、展示科技成就，树立热爱科学、崇尚科学的社会风尚。"② 随着科学技术和经济社会发展加速渗透融合，科技的创新、发展和应用需要更良好、更健康的社会氛围和舆论环境。对科学信任的丧失和对科技应用的抵制，在许多国家已经阻碍科技进步和发展。对科学的信任度越高，就越能通过科技来解决社会的新问题。科技发展的环境越优越，在创新链、产业链、人才链一体部署中才能越加深度融合。

① 冯英子：《瓶子中的人：劳动内卷化下的青年产业工人生存状态研究》，《青年发展论坛》2022 年第 4 期。
② 习近平：《加强基础研究　实现高水平科技自立自强》，《求是》2023 年第 15 期。

总之，本次调查显示，是否具备科学素质在对科技发展的支持态度、获取科技信息的动机、通过互联网获取科技信息的搜索行为上表现出明显差异。具备科学素质的产业工人具备积极的态度、获取信息的内部动机更高、获取行为更主动，所以积极提升公民的科学素质，也有利于提升科技在社会中的地位，进一步助力强化科技的前瞻性、战略性、系统性布局，推动科技创新的果实应用在广袤的祖国大地上。

四 不同年龄产业工人的科学素质差异研究

我国正在经历从人口红利向人才红利的转变。一方面是大龄劳动力退出劳动力市场，我国的基本国情是人口基数大、人口众多，是人口和劳动力庞大的发展中国家。随着经济社会发展，人口结构发生转变，劳动力人口逐年下降，根据国民经济和社会发展统计公报，2021 年 16 ~ 59 岁劳动年龄人口比上一年度下降 1216 万人，2022 年比 2021 年又降低 0.5%，总规模减少 666 万，这是在 2012 年首次出现下降后的连续第 11 年下降。另一方面，虽然当前青年劳动力数量稳中有增，但随着年轻一代的受教育年限进一步加长、因继续深造推迟了参加工作的年龄以及互联网时代价值观的变迁，年轻一代就业人口比重大幅下降。可见根据人口发展的新形势，如何推动"人口红利"向"人才红利"转变，必然需要"着力提高人口整体素质，加强人力资源开发利用"。

处于 35 ~ 49 岁年龄的劳动力往往具有较好的教育背景、熟练的劳动技能和丰富的实践经验，是最佳的劳动年龄人口，而 50 岁以上的劳动人口因过去的教育经历和质量呈现的素质水平参差不齐。在人口发展的新形势下，进入劳动力市场的新生代产业工人的科学素质是否与第一代产业工人有明显差异？对这个问题的回答，也将给产业工人科学素质提升行动带来新的启发。新生代是"80 后"的代名词，我国学术界对"新生代"的定义已基本形成共识，特指"1980 年之后出生、以'80 后'与'90 后'为代表的群体"，他们被称为拐点一代①或新生代②。随着科学技术的发展，技术具有分化人群的力量，技术的发展会不断建构出新业态和与之配套的劳动者，形成不同技术人员间的鸿沟。移动互联网技术爆发式发展背景下成长的产业工人，是适应数字时代流动的一代③，"信息主导"了他（她）们的生存状态和身份认同④。研究显示，科学素质的影响因素众多，包括但不限于受教育水平、年龄、城乡、区域、性别等，产业工人可能会因受教育水平、与数字社会的链接能力⑤不同，而表现出不同的科学素质。

本研究围绕不同年代的产业工人展开科学素质及相关因素的研究，因为代际差异混合了年龄效应、时代效应和代效应⑥，受样本限制，本研究只根据年龄进行划分。最终提出的核心研究问题是：不同年代产业工人的科学素质存在哪些差异，他们对科技的态度、兴趣如何，他们获取科技信息的渠道和动机又是怎样的情况。

（一）研究结果

1. 不同年龄和性别产业工人的科学素质水平

从年龄差异来看，新生代"90后"产业工人的科学素质水平最高，具备的比例为 28.1%，其次是新生代"80后"产业工人，具备的比例为 22.2%，最后是第一代产业工人，具备的比例为 13.0%。"90后"和"80后"产业工人具备科学素质的比例相差 5.9 个百分点，"80后"和第一代产业工人具备科学素质的比例相差 9.2 个百分点。从年龄和性别的交叉结果来

① 廉思：《刘易斯拐点 老龄化拐点 城镇化拐点 "拐点一代"命运的多重轨迹》，《人民论坛》2013 年第 19 期。

② 叶余建、张炜：《互联网工程师工作绩效影响因素研究——基于工作场所乐趣和代际差异的解释》，《高等工程教育研究》2019 年第 4 期。

③ 周大鸣：《互联网时代的新生代农民工研究》，《社会科学家》2021 年第 10 期。

④ 郑松泰：《"信息主导"背景下农民工的生存状态和身份认同》，《社会学研究》2010 年第 2 期；周大鸣：《互联网时代的新生代农民工研究》，《社会科学家》2021 年第 10 期。

⑤ 《习近平主持召开二十届中央财经委员会第一次会议强调 加快建设以实体经济为支撑的现代化产业体系 以人口高质量发展支撑中国式现代化》，新华网，2023 年 5 月 5 日。

⑥ 陈玉明、崔勋：《代际差异理论与代际价值观差异的研究评述》，《中国人力资源开发》2014 年第 13 期。

看（见图4），不同年龄的产业工人均表现出男性的科学素质水平高于女性。与已有研究①提出公民科学素质呈现随着年龄增加而逐渐降低的结构特征一致。

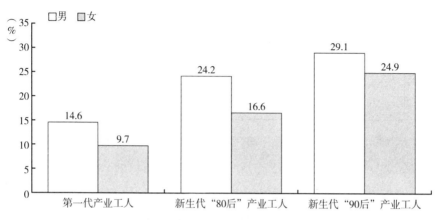

图4 不同年龄和性别产业工人的科学素质水平

2. 产业工人对科技发展的态度

如图5所示，产业工人支持科技发展的态度（4.55分）要显著高于科学发展理念（4.18分），随着受教育程度的提高，两者的变化趋势也有所差异。从支持科技发展的态度来看，随着受教育程度的提高，对科技发展的支持态度更积极；从科学发展理念来看，受教育程度低于高中（中专、技校）时，产业工人的科学发展理念随着受教育程度提高呈上升趋势，受教育程度高于高中（中专、技校）时，产业工人的科学发展理念随着受教育程度提高呈缓慢下降趋势。

如图6所示，具备科学素质的产业工人支持科技发展的态度和科学发展理念均更加积极。② 无论是具备还是不具备科学素质，产业工人表现出的年龄差异基本一致：第一代产业工人的态度最积极，其次是新生代"80后"

① 任磊、张超、郭凤林：《我国公民科学素质变迁的年龄、时期和世代效应》，《科学学研究》2022年第9期。
② 苏虹、任磊、冯婷婷等：《我国产业工人科学素质的现状和提升对策——基于第十二次中国公民科学素质抽样调查的实证研究》，《科普研究》2023年第3期。

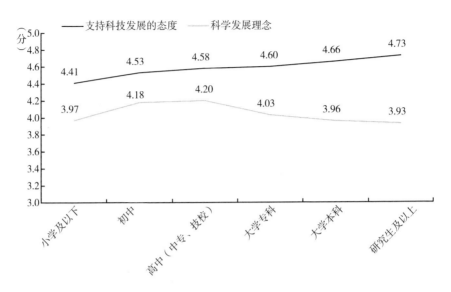

图 5　不同受教育程度产业工人对科技发展的态度

产业工人，最后是新生代"90 后"产业工人。产业工人在科学发展理念上随着年龄变化的差异梯度要高于其支持科技发展的态度。

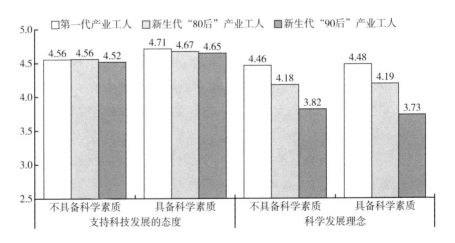

图 6　不同年龄产业工人对科技发展的态度

3.产业工人获取科技信息的动机和渠道

从产业工人的年龄差异来看（见图7），受内部动机驱动获取科技信息的产业工人中，新生代"90后"产业工人的内部动机最高，其次是新生代"80后"产业工人，最后是第一代产业工人；受外部动机驱动获取科技信息的产业工人中，第一代产业工人的外部动机最高，其次是新生代"80后"产业工人，最后是新生代"90后"产业工人。

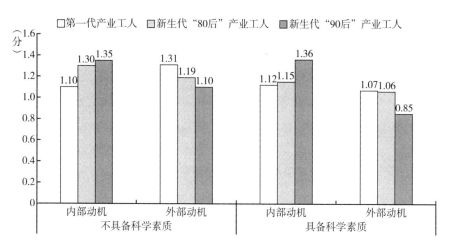

图7　不同年龄产业工人获取科技信息的动机

从产业工人获取科技信息的途径来看，通过互联网获取科技信息排在第一位，通过电视获取排在第二位。[①] 通过互联网和电视渠道获取科技信息的结果也呈现明显的年龄差异（见图8），从电视渠道看，第一代产业工人最多，其次是新生代"80后"产业工人，最后是新生代"90后"产业工人。从互联网渠道看，新生代"90后"产业工人最多，其次是新生代"80后"产业工人，最后是第一代产业工人。

通过互联网渠道获取科技信息成为当今时代最主要的学习方式，网络渠道多元多样：社交平台、搜索引擎、门户网站、短视频平台、科普网站、电

---

① 刘金山：《谁来当新时代的产业工人——产业基础高级化与产业链现代化的人才需求》，《青年探索》2021年第1期。

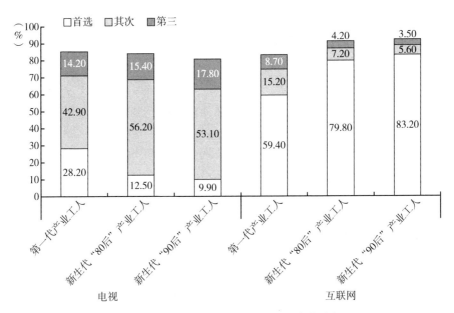

图8　不同年龄产业工人获取科技信息的途径

台广播平台、学习教育平台、问答平台等。研究发现（见图9），具备科学素质的产业工人更倾向于主动搜索，不具备科学素质的产业工人更倾向于被动推荐。主动搜索方面的差异表现为年龄越年轻，越擅长主动搜索，第一代产业工人得分0.48分，新生代"80后"产业工人得分0.52分，新生代"90后"产业工人得分0.56分。具备科学素质的产业工人中新生代"80后"产业工人主动搜索的得分最高。

（二）研究结论

1. 产业工人的科学素质水平随年龄升高呈下降趋势，与教育结构和教育质量关系密切

结果发现，不同年龄的产业工人中，年龄越低，其科学素质水平越高，新生代"90后"产业工人的科学素质水平最高，这有教育的因素，也有时代变迁的因素。中国的变革首先体现在教育的变革上，1981年新中国学位制度建立，形成了从学士、硕士到博士的现代高等教育体系，1986年《义

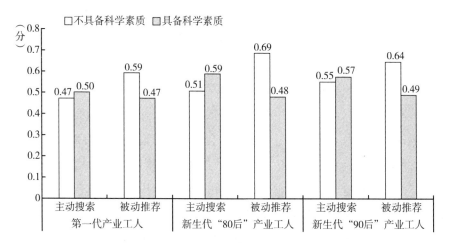

图9　不同年龄产业工人获取科技信息的方式

务教育法》颁布，适龄儿童和青少年必须接受国民教育，1996年《职业教育法》颁布施行，确定"职业教育"的重要地位。从学科教育到素质教育，从正式教育到非正式教育，我国公民受教育水平和质量均在稳步提升。在本次调查的产业工人中，第一代、"80后"和"90后"产业工人的平均受教育年限分别是12.5年、13.9年和14.3年，除了受教育年限体现出年龄结构差异之外，伴随着国家对教育特别是职业教育越来越重视，教育质量也在不同年代的产业工人中表现出明显差异。

2.产业工人对科技的支持态度和科学发展理念存在年龄差异，第一代产业工人表现积极

公众对科技发展的总体态度，是观察科学在社会中地位的重要指标。结果发现，产业工人对科技发展的态度总体是积极的，跟已有研究的结果一致[1]，大多数国家和地区公众对科学的态度总体是积极的，而中国对科技发展的态度显得更加积极[2]，大多数公众认可科学技术会带来比较积极的社会

① 刘金山：《谁来当新时代的产业工人——产业基础高级化与产业链现代化的人才需求》，《青年探索》2021年第1期。
② 何光喜：《我国公众对科学技术的态度及其影响因素研究》，中国社会科学院研究生院，博士学位论文，2022。

后果，认为支持科技发展会给社会带来收益。针对不同年龄产业工人的分析发现，随着年龄的增长对科技发展的态度更加积极，本研究中第一代产业工人的态度最积极。这在一定程度上反映了劳动者社会化的影响，对第一代产业工人来说，顺应社会发展、遵守劳动规范早已成了自觉的行动，但对于新生代劳动者来说，则需要一个从了解、抵触、遵守到同化的过程，只有顺利地完成这个过程，才能成为一位适应社会发展的劳动者。另有研究[1]发现年龄对态度的影响呈现倒U形，即对科学技术的态度随着年龄增长变得更加积极，但积极程度上升到一定年龄后又出现下降趋势。这在本研究的三个年龄段划分中并未出现。但本研究发现受教育程度与科学发展理念呈现倒U形关系，这一现象未来值得更深入研究和探讨。

3. 产业工人获取科技信息的动机存在年龄差异，年龄越高越受外部动机驱动，年龄越低越受内部动机驱动

内部动机可以正向预测成绩，外部动机会负向预测成绩。在对科技信息感兴趣的产业工人中，具备科学素质的产业工人获取科技信息的内部动机更高，而不具备科学素质的产业工人获取科技信息的外部动机更高。[2] 产业工人获取科技信息的动机与科学素质水平相关联，内部动机指由个体的内在需要所引起的动机，是对活动本身的关注和兴趣，外部动机指个体在外界的要求或压力下所产生的动机，关注外在的奖励、认同和指导。[3]

受内部动机驱动获取科技信息的产业工人中，其内部动机随着年龄的降低而越来越高，新生代"90后"产业工人的内部动机最高，第一代产业工人的内部动机最低，这种现象深深地受到时代和年龄的影响，也反映出不同年龄的产业工人在职业追求中的不同驱动力。Cavanaugh 等[4]认为对科技信

① 《国务院印发〈全民科学素质行动规划纲要（2021—2035年）〉》，《科普研究》2021年第3期。
② 刘金山：《谁来当新时代的产业工人——产业基础高级化与产业链现代化的人才需求》，《青年探索》2021年第1期。
③ Collins M. N. & Amabile T. M., "Motivation and Creativity," In Stemberg Robert J. (ed.), *Handbook of Creativity*. New York：Cambridge University Press，1999.
④ Cavanaugh，J. C.，& Blanchard-Fields，F.，*Adult Development and Aging* (5th ed.). Belmont，CA：Wadsworth Publishing/Thomson Learning，2006.

息的认知随着年龄的增长而需要更多的努力，并且可能使人失去动力。一个普遍的印象是，年龄较大的劳动者缺乏活力，对前沿科技不太感兴趣。[①] 更多研究发现，年龄与内在工作动机呈正相关，与内在成长动机（重视提升和持续学习的机会）和外在动机的强度呈负相关。[②] 本研究的结果支持这一结论，年龄更年轻的新生代"90 后"产业工人生长在科技变革日新月异的时代，其内在成长动机更高，他们获取科技信息是对科技主题感兴趣，也是为了主动自我提升。内部动机具有适应性，与个体的注意力集中、工作卷入和良好的工作绩效等有关。[③] 企业应适应新生代产业工人的动机驱动特点，开阔"留住"年轻人的政策思路。

4. 产业工人获取科技信息的渠道受年龄影响，第一代产业工人更倾向被动推荐，新生代产业工人更倾向主动搜索

互联网越来越成为获取科技信息的主渠道，研究结果也反映了网络时代产业工人获取科技信息的年龄差异，其中新生代"90 后"产业工人通过互联网获取科技信息的比例要高于其他年龄段，也充分反映了生长在互联网时代的一代人获取信息的典型特征。计算机普及是提高全民科学素质的大事[④]，20 世纪 80 年代，我国掀起了全国性普及计算机的第一次高潮，90 年代初互联网的出现又掀起了第二次高潮，处在时代发展节点的"80 后"和"90 后"产业工人注定比第一代产业工人面对更广阔的网络世界。

科学信息的获得包括正式学习和非正式学习。Yu & Mao 认为[⑤]，正式学习主要是指在学校接受的学术教育和参加工作后的继续教育，而非正式学

---

① Noack，C. M. G.，& Staudinger，U. M.，"Psychological Age Climate-Associations with Work-Related Outcomes," Paper presented at the 24th Annual Meeting of the Society for Industrialand Organizational Psychology. New Orleans，USA. 2009.

② Inceoglu，I.，Scgers，J.，& Bartram，D.，"Age-related Differences in Work Motivation," *Journal of Occupational and Organizational Psychology*，2011，85（2）：300-329.

③ 张剑、郭德俊：《内部动机与外部动机的关系》，《心理科学进展》2003 年第 5 期。

④ 谭浩强：《我国计算机普及的历程及其启示——纪念我国计算机普及 30 周年》，《计算机教育》2011 年第 17 期。

⑤ Yu，S. Q.，& Mao，F.，"Informal Learning-A New Field of E-learning Research and Practice," *e-Education Research*，2005，26（10）：19-20.

习发生在非正规学习的时间和地点，知识通过非教学的社会交往传播。媒体是公众获取科学信息的重要来源[1]，在 PC 时代，搜索引擎是大众进入互联网的入口，它是一种主动搜索模式，有助于消除信息茧房。随着移动互联网快速发展，用户搜索习惯发生改变，互联网带来庞大信息和算法介入公众选择时，公众关注信息时会习惯性被兴趣所引导，而忽视其他信息需求，信息茧房问题逐渐显现。在主动搜索方面，新生代"90 后"产业工人表现出更高的倾向，其次是新生代"80 后"产业工人，表明他们在获取科技信息时更不容易被信息茧房束缚。已有研究[2]也表明具备科学素质的产业工人更倾向于使用搜索引擎、科普网站、学习教育平台、问答平台等主动搜索的渠道，不具备科学素质的产业工人更倾向于使用社交平台、门户网站、短视频平台、电台广播平台等被动推荐的渠道。这让我们看到产业工人群体未来科学素质的提升有广大空间，更多的新生代产业工人在互联网时代并没有陷入被动推荐的信息茧房，而是表现出主动搜索的信息获取倾向。

五　产业工人获取科技信息的动机研究

（一）研究结果

1. 不同科学素质的劳动者年龄与动机的相关因素分析

对年龄和动机进行描述性分析，结果发现，年龄 M = 39.50，SD = 9.969，内部动机 M = 1.50，SD = 1.10，外部动机 M = 1.39，SD = 1.06。对年龄和动机进行相关因素分析，结果发现，年龄与内部动机呈显著负相关（$r = -0.034^{**}$），与外部动机呈显著正相关（$r = 0.036^{**}$）。在不具备科学素质的劳动者中，发现与整体一致的结果（$r_{内部} = -0.028^{**}$；$r_{外部} = 0.038^{**}$），

---

① Wang L., Yuan Y., Wang G., "The Construction of Civil Scientific Literacy in China from the Perspective of Science Education," *Science & Education*, 2022：1-21.
② 《中国公民科学素质统计调查制度》，国家统计局网站，2022 年 9 月 26 日。

但在具备科学素质的劳动者中却发现与整体不一致的结果,即年龄与内部动机呈显著正相关($r=0.011$),与外部动机呈显著负相关($r=-0.015^*$)。

从总体来看,本次调查中的劳动者获取科技信息的内部动机要高于外部动机。具体如表4所示,在不具备科学素质的劳动者群体中,他们的内部动机要低于外部动机,在具备科学素质的劳动者群体中,他们的内部动机要高于外部动机。从内部动机看,具备科学素质的劳动者要高于不具备的劳动者,且差异显著;从外部动机看,具备科学素质的劳动者要低于不具备的劳动者,且差异显著。

表4 科学素质与动机的描述性结果

科学素质	N	内部动机				外部动机			
		M	SD	t	p	M	SD	t	p
不具备科学素质	54567	1.3727	1.10274	-45.071	0.000	1.4866	1.07292	36.706	0.000
具备科学素质	28826	1.7294	1.05584			1.2037	1.03012		

年龄和动机的相关性因素分析结果和表4描述性统计结果发现了一致性,科学素质改变了年龄与动机间关系的方向,进一步推断科学素质在两者间存在调节效应,这将在下一部分进一步探讨。

2.劳动者年龄对动机的影响:科学素质的调节作用

从上一部分劳动者获取科技信息的动机结果中发现,是否具备科学素质会影响劳动者年龄与获取科技信息的动机间的关系,表现出一种调节作用,本部分的研究将验证这一假设:劳动者年龄对动机的影响受到科学素质的调节作用。

(1)模型建构

根据前文讨论,本研究的函数如下:

$$Y = f(age, gender, education, scientific\ literacy) \tag{1}$$

其中,Y代表获取科技信息的动机,影响因素包括 age(年龄)、

gender（性别）、education（受教育程度）、scientific literacy（科学素质）。本研究主要讨论年龄对获取科技信息动机的影响，以及科学素质对两者关系的调节作用。所以，以年龄为自变量 x、动机为因变量 Y，同时将性别和受教育程度作为控制变量 t，将科学素质 z 分组为"具备"和"不具备"后进行调节效应的分组回归模型分析。根据公式（1）进一步确定调节效应的公式（2）为：

$$Y = \beta_0 + \beta_1 x + \beta_2 z + \beta_3 (x \times z) + \beta_4 t + e \tag{2}$$

调节效应的模型如图 10 所示。

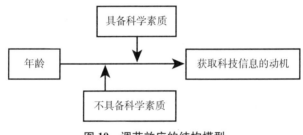

图 10 调节效应的结构模型

（2）调节效应检验

在以内部动机为因变量时，结果发现（见表 5），从整体模型看年龄对内部动机存在显著影响，当劳动者不具备科学素质时，年龄对他们获取科技信息的内部动机存在显著影响，当劳动者具备科学素质时，年龄对他们获取科技信息的内部动机不存在显著影响，说明科学素质在年龄和内部动机之间具有调节效应。

表 5 科学素质在年龄和内部动机间调节效应的分组回归模型（N=83393）

变量	整体				不具备科学素质				具备科学素质			
	B	SE	t	p	B	SE	t	p	B	SE	t	p
常数	1.823	0.023	78.582	0.000	1.744	0.029	96.694	0.000	2.069	0.040	51.833	0.000
性别	-0.469	0.008	-57.846	0.000	-0.397	0.010	-39.370	0.000	-0.542	0.014	-39.073	0.000
受教育程度	0.149	0.003	44.529	0.000	0.116	0.004	27.407	0.000	0.117	0.007	17.332	0.000

变量	整体				不具备科学素质				具备科学素质			
	B	SE	t	p	B	SE	t	p	B	SE	t	p
年龄→内部动机	-0.003	0.000	-7.584	0.000	-0.003	0.000	-6.106	0.000	-0.001	0.001	-1.624	0.104
样本量	83393				54567				28826			
R^2	0.059				0.039				0.057			
调整后 R^2	0.001				0.001				0.000			
F 值	1706.259***				711.147***				572.743***			

注：*** $p<0.001$。

在以外部动机为因变量时，结果发现（见表6），从整体模型看年龄对外部动机存在显著影响，当劳动者不具备科学素质时，年龄对他们获取科技信息的外部动机存在显著影响，当劳动者具备科学素质时，年龄对其获取科技信息的外部动机不存在显著影响，说明科学素质在年龄和外部动机之间存在调节效应。进一步画出调节效应图如图11所示。

表6　科学素质在年龄和外部动机间调节效应的分组回归模型（N=83393）

变量	整体				不具备科学素质				具备科学素质			
	B	SE	t	p	B	SE	t	p	B	SE	t	p
常数	0.952	0.023	42.111	0.000	0.986	0.028	35.283	0.000	0.813	0.039	20.818	0.000
性别	0.442	0.008	55.921	0.000	0.377	0.010	38.341	0.000	0.518	0.014	38.207	0.000
受教育程度	-0.110	0.003	-33.656	0.000	-0.082	0.004	-19.723	0.000	-0.089	0.007	-13.560	0.000
年龄→外部动机	0.004	0.000	10.206	0.000	0.005	0.000	9.937	0.000	0.001	0.001	1.224	0.221
样本量	83393				54567				28826			
R^2	0.049				0.033				0.052			
调整后 R^2	0.001				0.002				0.000			
F 值	1380.781***				596.723***				522.292***			

注：*** $p<0.001$。

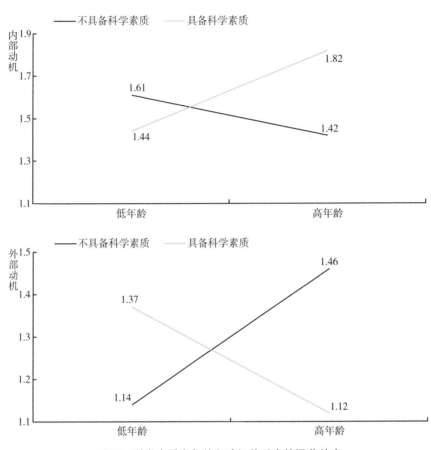

图 11　科学素质在年龄和动机关系中的调节效应

（二）研究结论

1. 劳动者年龄越大，获取科技信息的内部动机越低、外部动机越高

年龄是制约科学素质发展的重要因素，年龄越大，科学素质水平越低。[①] 在回答"年龄越大，劳动者获取科技信息的动机越低吗"这一问题时，本研究发现，随着劳动者年龄的增长，他们获取科技信息的内部动机确实表现出降低的显著趋势，但其外部动机却随年龄增长而显著升高。

----

① 许斗斗、宁杰：《科技时代我国工人阶级主体地位的新阐释》，《理论探讨》2017年第6期。

　　年龄和内部动机的关系受机会因素影响，随着科技腾飞、移动互联网技术爆发式发展，年轻劳动者是适应数字化社会的一代，他们有更多的机会接触新领域新技术。他们对科技信息的获取伴随着个人的出生和成长，其内部动机更得益于长期的浸润和融合。而年长的劳动者是在生命成熟后才有机会接触互联网和科技信息的传播，相比之下他们更需要学习与新事物相处，而在学习过程中却受到了年龄老化的影响。首先可能是智力因素，根据智力理论，流体智力随年龄增加而下降，年长者对新技术新知识的学习能力下降[1]；其次是健康因素，年龄和体力有一定的关联，年老者受制于健康状况而没有充足精力投入到新事物当中。Cavanaugh 等认为对科技信息的认知随着年龄的增长而需要更多的努力，并且可能使人失去动力。[2] 所以对年长者，我们关注其获取科技信息的内部动机可能是无果的，但通过强化其外部动机驱动他们获取科技信息是科普过程中需要关注的一个突破口。

　　新技术的变革让我们逐渐从纸媒、电视、广播过渡到即时信息系统，这一变化也意味着涉及各领域的信息获取方式发生巨大改变，当然也会影响不同年龄群体对科学的接收和理解。[3] 本研究发现年龄越大，外部动机越高。一个普遍的印象是，年龄较大的劳动者缺乏活力，对前沿科技不太感兴趣[4]，所以需要外部动机足够强，才能推动他们足够努力去获取科技信息、融入科技社会。外部动机包括但不限于自身之外的报酬、被认同或其他与结果相关的因素所导致的愿望，有众多研究者认为这种获取科技信息的持续性是不稳定的，一旦外部驱动停止，他们获取科技信息的行为就可能会停止。那这是否意味着，劳动者逐渐年老县全退休成为老年人后，如果没有外部动

① 李洪兴：《新领域新赛道 新动能新优势》，《人民日报》2022 年 10 月 21 日。

② Cavanaugh, J. C., & Blanchard-Fields, F., *Adult Development and Aging* (5th ed.). Belmont, CA: Wadsworth Publishing/Thomson Learning, 2006.

③ Miller, J. D., "Public Understanding of Science and Technology in the Internet Era," *Public Understanding of Science*, 2022, 31 (3): 266-272.

④ Noack, C. M. G., & Staudinger, U. M., "Psychological Age Climate-Associations with Work-related Outcomes," Paper presented at the 24th Annual Meeting of the Society for Industrial and Organizational Psychology. New Orleans, USA. 2009.

机驱动是否逐渐失去与科技世界的连接，无法享受科技带来的更多益处？

虽然内部动机是一种很重要的动机类型，但严格来说伴随个体成长最先出现的是外部动机，比如童年时个体为了获得奖励所做的努力。根据自我决定理论，外部动机具有工具价值，但也区分为三个层次①，第一种是缺乏行动意图只受到外部控制，第二种是外部动机的内向调节，因为压力感或为避免如内疚焦虑的情绪而推动的行动，第三种是外部动机中更自主或自我决定的形式，这是个体已经认同行为的重要性并将其作为重要目标。能够对科技信息的获取产生内部动机自然是最优的科普途径，但内部动机的产生并不容易，如果科普工作者可以理解不同层次的外部动机，便能实现科普工作在不同动机类型上更广泛的推动，实现外部动机不同类型之间的转换，最终有机会向内部动机转换。

2. 科学素质成为调节年龄和动机关系的重要因素

本研究将年龄作为自变量、动机作为因变量，将科学素质分为两组后进行调节效应分析，发现科学素质在年龄和内部动机、年龄和外部动机之间均存在调节效应。正如科技具有分化人群的力量，本研究发现劳动者科学素质也具有重要的分化力量，它转变了年龄对动机的影响方向。在不具备科学素质的劳动者中表现出与整体一致的特征，但在具备科学素质的劳动者中却表现出与之相反的特征，即随着年龄增长，其获取科技信息的外部动机更低、内部动机更高。

终身学习，是抵御年龄危机的最好利器。年龄对动机的影响因具备科学素质而发生变化，当年长者的认知能力随着流体智力下降而较难支撑其学习新技术时，具备科学素质这一特征让他们因内部动机更愿意获取科技信息，让人们卷入良性循环的过程中，这也符合动机生命周期控制理论的假设。具备科学素质的劳动者在科技时代是有生存和发展机会的，他们因科技信息的趣味性和个人通过科技学习获得的成长而获取科技信息。利用动机生命周期

---

① 王韵含、高文书：《中国劳动力技能回报率到底如何测度？——基于省级调查数据的实证研究》，《北京工商大学学报》（社会科学版）2019 年第 2 期。

发展理论来解释这一现象，当人对生命周期发展具备控制行为时，可以分为初级控制和次级控制，初级控制是让环境适应个人的需要和意愿，次级控制是让个人的需要和欲望适应环境。年龄较低时倾向于依赖外部取向的初级控制策略，以强调外在的结果，年龄较高时将更依赖次级控制策略，以强调内在结果。有研究认为内部动机可以有效地保持个体活动的持续性，同时具有适应性①，可见对科技信息获取的内部动机可以使劳动者在工作和生活中注意力集中、工作卷入，具有更佳的工作绩效，可以持续推动劳动者继续获取更新的科技信息，尤其是激发更多创造性。因为其内在需求，这部分劳动者是更容易接受科普的对象。在国家创新驱动发展的浪潮中，这是社会所需，因内部动机获取科技信息更有可能推动公众科学素质的发展，为国家科技创新增强群众力量。

六　讨论和建议

从本次调查中产业工人的数据结果和特点分析来看，产业工人的科学素质高于全国总体水平，也表现出鲜明的城乡、区域差异和教育结构特点。《科学素质纲要》指出产业工人科学素质提升行动是以提升技能素质为重点，提高职业技能和创新能力，打造一支有理想守信念、懂技术会创新、敢担当讲奉献的高素质产业工人队伍，更好服务制造强国、质量强国和现代化经济体系建设。一个国家的创新水平，越来越依赖于全体劳动者科学素质的普遍提高。劳动者科学素质提高，就可以利用前沿的科学知识、先进的科学工具进行劳动，提高劳动效率、促进生产力的发展。通过提高人口素质，使大人口基数转变为强人力资源，促进经济高速增长，深刻推进中国式现代化。结合数据分析我们提出以下推动产业工人科学素质提升的建议。

---

① 张剑、张建兵、李跃等：《促进工作动机的有效路径：自我决定理论的观点》，《心理科学进展》2010 年第 5 期。

（一）倾斜配置优质多样化教育资源，破解科学素质不平衡问题

教育是提高人口素质的重要途径，也是推动"人口红利"向"人才红利"转变的关键。[1] 提高劳动年龄人口受教育水平，他们便会以更高素质来有效抵消人口红利逐渐消失带来的不利影响，并以此推动建设庞大的知识型、技术型、创新型劳动者大军。国际经验表明，教育是以人为核心的新型城镇化最重要的动力，是深度开发人力资源、全面提高人的素质的基础，通过优质教育资源向经济欠发达地区和边远农村的优先配置，促进区域和城乡协调发展。[2] 利用科学教育正式学习和非正式学习[3]两条路径，提高产业工人的科学素质，推动城乡不平衡和地区不平衡问题的解决。

（二）全面推广职业技能培训，重点推动以赛促学提素质

在二十届中共中央政治局第三次集体学习时，习近平总书记强调要加强国家科普能力建设，深入实施全民科学素质提升行动。第九次全国职工队伍状况调查发现，职工更加注重自身和长远发展，更加期望工会组织可以发挥更大作用。95.3%的职工有兴趣学习新的职业技能或知识，这一比例在18~40岁职工和大学本科及以上学历职工中表现尤为突出。但从本次调查结果来看，产业工人职业培训、生产比武的参与度仍不够高，随着越来越多青年人进入职场，他们对职场中的个人成长和未来规划有更多期待，通过职业培训能促进职工技能提升，通过增加竞赛和比武，以赛促学提升职工的素质水平，实现留住人和发展人的双重目标。

---

[1] 潘洁、魏玉坤、郁琼源：《以人口高质量发展支撑中国式现代化》，《新华每日电讯》2023年5月8日。

[2] 闵维方：《教育在促进高质量发展中的战略作用》，《教育与教学研究》2023年第2期。

[3] Yu, S. Q., & Mao, F., "Informal Learning-A New Field of E-learning Research and Practice," *e-Education Research*, 2005, 26（10）: 19-2.

（三）涵养精神内核留住青年产业工人，智慧科普推动科学素质建设

精神是人才发展的内驱力。[1] 劳模精神、劳动精神、工匠精神对青年产业工人有积极的引导，企业家精神对青年产业工人有向上的鼓励。在二十届中共中央政治局第三次集体学习时，习近平总书记指出，我国几代科技工作者通过接续奋斗铸就的"两弹一星"精神、西迁精神、载人航天精神、科学家精神、探月精神、新时代北斗精神等，共同塑造了中国特色创新生态，成为支撑基础研究发展的不竭动力。要在全社会大力弘扬追求真理、勇攀高峰的科学精神，广泛宣传基础研究等科技领域涌现的先进典型和事迹。科普的重要作用便是开展理想信念和职业精神宣传，发挥企业家示范引领作用，激发产业工人科学素质提升的内部动力。

公众获取科技信息的渠道越来越依靠网络[2]，科学素质建设需要科普更适应网络时代，需要科学素质提升行动更适应网络时代产业工人的特征。互联网带来庞大信息和算法介入公众选择时，产业工人对科技信息的获取方式较为被动，容易陷入信息茧房，扼杀创造力。尤其是不具备科学素质的产业工人更容易获取被动推荐的信息，他们看到的也会是高相似度的信息[3]，不利于科学素质提升。通过智慧科普多种形式的推动打破产业工人的信息茧房，推动其科学素质的提升。

（四）关注不同年龄劳动者的动机驱动差异，稳定内部动机与科学素质关系的良性循环，弘扬科学精神紧抓外部动机三层次的递进式驱动

党的二十大作出"加强国家科普能力建设"的重大部署，中共中央办

---

[1] 任磊、张超、何薇：《中国公民科学素养及其影响因素模型的构建与分析》，《科学学研究》2013 年第 7 期。

[2] Wang L., Yuan Y., Wang G., "The Construction of Civil Scientific Literacy in China from the Perspective of Science Education," *Science & Education*, 2022: 1-21.

[3] 张姗姗、朱伟嘉：《移动互联网时代搜索引擎的发展困境和对策建议》，《互联网天地》2023 年第 1 期。

公厅、国务院办公厅印发的《关于新时代进一步加强科学技术普及工作的意见》明确提出"到 2035 年公民具备科学素质比例达到 25%"的发展目标。为实现这一目标，科学素质提升行动需要做好全面动员和落实。对此，我们从外部动机和内部动机转化角度提出以下建议，"好奇心是学习的动力"，这个常识让我们明白提升科学素质，应从培养内部动机开始，但培养成年人内部动机并不简单。在成年人的教育和科普过程中，可以针对不同年龄劳动者获取科技信息的不同动机类型，进行传播途径和内容深度的动态调整。随着劳动者年龄的增长，其内部动机越低、外部动机越高，因此，应针对年龄较高的个体采取驱动外部动机的科普路径，从第一种的完全外部驱动，到第二种的外部驱动其内在感知，尽力实现第三种"自主型"外部驱动，它与更积极的参与、更好的表现有关。外部动机变得更加内在化，但这不意味着它会转化为内部动机。这也提醒我们在成人教育过程中要尊重他们获取科技信息的动机。公众获取科技信息更多的原因可能是与社会或文化的连接，而科学精神的弘扬可以推动实现这一目标。弘扬科学精神，可充分唤醒个体外部动机的内在化过程，这种社会价值观和规则若被劳动者认同，就可以在其人生中不断内在化。

（五）依据劳动者科学素质的人物画像，构建年龄、科学素质和动机类型的细致分类，实现"精准滴灌"的科普路线

公众作为科学传播的重要一环，对其人物画像的刻画越细致，科学普及便越有针对性，科学素质提升便越有效，这也是实现"增效"的有力途径。本研究中内部动机较高的群体是具备科学素质的高年龄段人群，内部动机较低的群体是不具备科学素质的高年龄段人群，《全民科学素质行动规划纲要（2021—2035 年）》提出五类重点人群，对青少年、农民、产业工人、老年人、领导干部和公务员实施相匹配的科学素质提升行动，这便是科普对象明确分类后的重要举措。新中国成立以后，科普被纳入政府统一管理模式之中，对不具备科学素质的劳动者，可以通过科学普及的外部驱动让他们获得更多科技信息，从而提高科学素质。对具备科学素质的劳动者，除了利用外

部驱动继续分类别供给之外，还可以邀请其参与科学决策，通过调动起"自主的"外部驱动和内部驱动来储备群众力量。基于本研究的结果，是否具备科学素质、具备科学素质的等级、劳动者的年龄和动机等都应纳入人物画像的刻画过程中，形成更加精准的科普路线。

　　总之，劳动者是生产力中最活跃的因素，要把"科学技术是第一生产力"落到实处，就必须把经济建设真正转移到依靠科技进步和提高劳动者素质的轨道上来。① 没有产业工人科学素质普遍提高，就难以建立起高素质劳动者大军，难以实现科技成果的快速转化。科学技术是劳动者创造的，是劳动者集体智慧的最高成果。产业工人科学素质的提高，为建立宏大高素质劳动者大军提供基础保障，是为科技创新提供重要人力资本的核心支撑。总之，创新智慧蕴藏在亿万人民中间，提升各类型劳动者的科学素质，创新活力才能充分涌流。我国正在经历劳动力从过剩向短缺的刘易斯拐点，劳动者空心化现象也越发突出，随着我国生产效率的提升、分工的深化，对劳动者的素质要求也越来越高，科普需要做好衔接和过渡，一边是衔接新补充的劳动者，另一边是对退出劳动力市场的劳动者的衔接。需在全年龄段做好科学素质提升工作，从娃娃开始抓住科学兴趣，从成人科普过程中区分不同年龄、不同科学素质水平的动机类型，努力朝向内部动机和"自主型"外部动机的驱动路径，实现全民科学素质的高质量提升。

---

① 沈居安：《发展科技也要依靠工人群众》，《思想政治工作研究》1992 年第 3 期。

全面深化改革背景下农民科学素质建设路径与机制研究

汤溥泓 李 萌 黄乐乐 董容容*

摘 要: 党的二十大提出建设"农业强国",农民作为农业农村现代化的主体人群,应发挥主体责任。"十三五"以来,我国农民科学素质建设取得显著成果,2022年科学素质水平达到6.67%,在科学生产、科学经营方面能力较强,但仍存在一定问题。依据第十二次中国公民科学素质抽样调查数据,分析得出农民科学素质存在与全国总体水平差距加大、低年龄段人群科学素质水平较低、参观科普场馆频率较低、自身对科学技术的兴趣不高等问题,与其他重点人群相比差距较大。受到自身特征与经济文化社会建设等因素共同影响,建议在科普机制建设、基层科普设施建设、职业培训体系建设等方面完善农村科普工作,加强农村科学文化教育建设、充分利用"线上+线下"双平台资源、丰富科普产品形式与内容、提升农民职业技能培训体系的含金量与普及度,助力农民科学素质在新时代进一步发展。

关键词: 农民 乡村振兴 科学素质 中国公民科学素质抽样调查

一 问题的提出

推动农业农村现代化是实现全面建设社会主义现代化国家目标的重要任

---

* 汤溥泓,原中国科普研究所助理研究员,研究方向为公民科学素质理论与实践;李萌,中国科普研究所助理研究员,研究方向为科学教育;黄乐乐,中国科普研究所副研究员,研究方向为公民科学素质监测评估理论与实践等;董容容,中国科普研究所科研助理,研究方向为数字素养与技能监测评估、科学传播。

务，对推动我国高质量发展、更好适应我国社会主要矛盾变化具有重大意义。党的二十大报告指出，"加快建设农业强国，扎实推动乡村产业、人才、文化、生态、组织振兴"[1]，以农业强国建设推进中华民族伟大复兴。党的二十届三中全会对进一步全面深化农业农村改革、促进城乡融合发展作出系统部署，明确了农村改革的重点任务，提出健全推进新型城镇化体制机制，巩固和完善农村基本经营制度，完善强农惠农富农支持制度，深化土地制度改革，鲜明揭示了推进国家治理体系和治理能力现代化的"发展中的问题"，为新征程上推进农村改革提供了重要遵循和依据，为进一步全面深化改革、推进中国式现代化提供了制度保障。强国必先强农，2024 年中央一号文件提出"以提升乡村产业发展水平、提升乡村建设水平、提升乡村治理水平为重点，强化科技和改革双轮驱动……以加快农业农村现代化更好推进中国式现代化建设"[2]，反映出科学技术水平与科学素质的提升在农业现代化发展进程中的重要性。农业科技创新水平提升为推动我国由"农业大国"向"农业强国"转变创造了动力条件[3]，也对农民群体的素质提升提出了全新的要求。农民是推动新时代乡村振兴的主体，提升农民科技文化素质水平，对于发展农业新质生产力、推动农业农村现代化发展具有重要作用。党的十九大以来，中央一号文件多次围绕培育新型职业农民、高素质农民作出战略部署，强调以完善职业教育体系为途径做好农民科技文化素质的提升工作，提高农民生产经营技术技能，促进他们形成自主学习、自主钻研、自主发展的正确思维与理念。诸多研究表明，农民科学素质水平影响他

---

[1] 《习近平：高举中国特色社会主义伟大旗帜 为全面建设社会主义现代化国家而团结奋斗——在中国共产党第二十次全国代表大会上的报告》，新华网，https：//www. ccps. gov. cn/zl/20dzl/202210/t20221025_ 155436. shtml，2022 年 10 月 25 日。

[2] 《中央一号文件首提"农业强国"透露哪些信号?》，农业农村部网站，http：//www. moa. gov. cn/ztzl/2023yhwj/xcbd_ 29328/202302/t20230214_ 6420546. htm，2023 年 2 月 14 日。

[3] 王丹、王太明：《推动农业大国转向农业强国的基础、原则与思路》，《改革与战略》2023 年第 3 期。

们对新科技的认识、接受和应用，农民科学素质较低会制约我国社会发展。[①]

"十三五"时期，在《全民科学素质行动计划纲要（2006—2010—2020年）》指导下，我国农民科学素质提升行动取得了巨大的成绩，农民科学素质水平从 1.70% 提升至 6.45%，但也存在一定问题：一是农民科学素质水平依然偏低，与全国总体水平差距显著；二是农村科普形式及内容与乡村振兴需求及农民群体特质不匹配，例如优质科普设施及资源下沉度不足、职业教育培训利用率不高、文化建设与精神文明建设不够等；三是缺乏对农民科学、理性思维方面的培育，导致农民科学素质水平提升缓慢，较难及时跟进数字时代中科学技术快速迭代发展的步伐。产生这些问题的原因是多方面的：张锋等指出，农民的受教育水平和层次总体偏低，更多是通过大众传媒、组织传播、人际传播等非正规教育方式获取科技信息[②]，而非课程与培训；郑中华认为，小农意识根深蒂固是导致农民思维局限的重要原因，"等、靠、要"思想严重、不创新，不学技是农民发展缓慢的重要因素[③]。

农民作为具有鲜明特点、基数广大的群体，其科普工作开展形式具有显著独特性。如何准确了解农民群体所需，以简单高效、切实可行的科普工作推动农民科学素质在新时代进一步稳步提升，是"十四五"收官之年仍需探讨的重要问题。本研究以第十二次中国公民科学素质抽样调查为数据基础，从科学知识、科学方法、科学精神与思想、应用科学的能力四方面对农民科学素质的发展现状进行摸底与分析，力求能够准确了解农民在"十四五"时期科学素质发展的短板及问题所在，思考全面深化改革背景下农民科学素质提升行动的前进方向，探索新时代进一步提升农民科学素质的思路与方式，以促进农民科学素质提升推动高素质农民群体在农业现代化发展中发挥主体作用。

---

① 滕明雨、奉公、张磊：《我国农民科学素质测评指标体系的构建》，《华中农业大学学报》（社会科学版）2012 年第 2 期。
② 张锋、何薇、张超：《利用"与人交谈"方式提升农民科学素质》，《科技导报》2013 年第 24 期。
③ 郑中华：《少数民族地区农民科学素质的多维解析及提升路径——以湖北省恩施土家族苗族自治州为例》，《重庆行政（公共论坛）》2016 年第 6 期。

二 研究设计

（一）研究对象

2022 年 5~10 月，第十二次中国公民科学素质抽样调查对我国公民的科学素质进行线上线下相结合的问卷调查，样本覆盖我国 31 个省（自治区、直辖市）和新疆生产建设兵团。本研究分析了上述调查中所有农民样本。本次调查共计回收农民群体样本 57495 个，占总体样本的 20.32%。所有农民样本中，男性农民样本占比 52.28%，女性农民样本占比 47.72%。年龄方面，18~29 岁样本占比 9.86%，30~39 岁样本占比 22.79%，40~49 岁样本占比 28.02%，50~59 岁样本占比 39.33%。所有农民群体中，小学及以下学历样本占比 24.49%，初中学历样本占比 59.74%，高中（中专、技校）学历样本占比 11.45%，大学专科学历样本占比 3.20%，大学本科及以上学历样本占比 1.12%。

（二）研究方法

本研究采用中国公民科学素质调查的测评量表，利用 SPSS 20.0 进行统计与数据处理分析。首先对农民群体的科学素质进行描述性分析，随后分别以年龄、区域等变量进行差异性分析，并对农民的科学态度以及获取科技信息的途径进行分析。

（三）研究工具

中国公民科学素质调查测评量表针对科学素质主要从科学知识、科学方法、科学精神与思想、应用科学的能力等四个维度进行考察，科学素质的总体情况以具备科学素质的比例来反映，科学素质每一维度的得分按照权重换算成百分制。科学态度主要从对科技信息的兴趣、对科技发展的态度等方面进行考察。

三 调查结果

在本年度调查中，农民群体具备科学素质的比例达到 6.67%，比 2020 年的 4.54% 提高 2.13 个百分点，有力推动农民全面发展和乡村全面振兴。农民群体具备科学素质比例的增长幅度有所提升，2018~2020 年、2020~2022 年增长幅度分别为 1.92 个、2.13 个百分点。农民群体具备科学素质的比例与全国总体水平差值扩大，2022 年具备科学素质的比例低于全国总体水平 6.26 个百分点，与全国总体水平的差距相较 2020 年扩大 0.24 个百分点。

从区域来看，本年度我国超 1/2 的省份农民科学素质水平超过全国总体水平，为我国乡村振兴提供了坚实的人才基础支持。东、中、西部地区农民科学素质水平呈阶梯式下降趋势，东部地区农民具备科学素质的比例达到 7.87%，比 2020 年提高 2.84 个百分点；中部地区农民具备科学素质的比例为 6.78%，比 2020 年提高 2.26 个百分点；西部地区农民具备科学素质的比例为 5.16%，比 2020 年提高 1.22 个百分点。

从性别来看，男性农民具备科学素质的比例明显高于女性。2022 年男性农民具备科学素质的比例为 7.3%，较 2020 年提高 2.0 个百分点，较全国男性总体水平低 7.5 个百分点；女性具备科学素质的比例为 5.9%，较 2020 年提高 2.2 个百分点，较全国女性总体水平低 5.1 个百分点。

从年龄来看，不同年龄段农民的科学素质水平呈现随年龄增长而阶梯式下降的现象。18~29 岁农民群体具备科学素质的比例为 11.0%，较 2020 年提高 1.7 个百分点；30~39 岁农民为 9.2%，较 2020 年提高 3.1 个百分点；40~49 岁农民为 6.5%，较 2020 年提高 2.7 个百分点；50~59 岁农民为 4.2%，较 2020 年提高 1.2 个百分点。

从学历来看，不同学历农民的科学素质水平呈现随受教育水平提升加而阶梯式上升的现象。小学及以下学历农民具备科学素质的比例仅为 2.9%，较 2020 年提高 1.5 个百分点；初中学历农民为 6.2%，较 2020 年提高 1.8 个百分点；高中（中专、技校）学历农民为 12.6%，较 2020 年提高 0.4 个百分点；大学专科学历农民为 16.0%，大学本科及以上学历农民为 28.3%。

四 农民群体科学素质发展特点与问题

（一）农民科学素质水平增速较快，但与全国总体水平的差距拉大

"十四五"时期，我国农民群体科学素质水平增幅显著、增速加快，性别、城乡差异缩小，农民科学素质提升行动初见成效。一是农民科学素质水平提升幅度显著，我国农民具备科学素质的比例由 2015 年的 1.70% 提升至 2022 年的 6.67%。二是农民科学素质水平增速加快，2018～2020 年、2020～2022 年农民科学素质水平增长幅度分别为 1.92 个百分点、2.13 个百分点，增速有所提升。三是女性农民科学素质水平增幅显著，2022 年女性农民科学素质水平增长幅度高出男性农民增长幅度 0.2 个百分点。四是青壮年农民群体科学素质水平提升幅度显著，30～39 岁农民、40～49 岁农民科学素质水平分别较 2020 年同年龄段人群提高 3.1 个百分点、2.7 个百分点，在所有年龄段中增长幅度最为明显。

虽然农民群体科学素质水平获得显著提升，但是与全国整体水平的差距仍然明显。2020 年、2022 年农民具备科学素质的比例分别为 4.54%、6.67%，与全国总体水平分别相差 6.02 个百分点、6.26 个自分点，差距略有拉大（见图 1）。依据历次调查数据推算，2035 年农民群体科学素质水平可能达到 17% 左右，与全国科学素质总体水平的差值可达 8 个百分点，较难追赶全国科学素质发展的整体速度。

（二）农民在科学生产、科学经营方面的能力较强，但科学素质各维度得分均低于全国总体水平

调查通过考察受访者在科学知识、科学方法、科学精神与思想、应用科

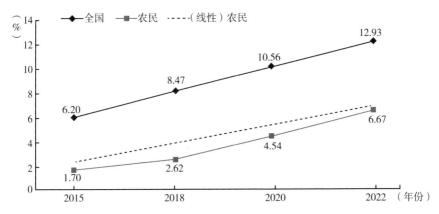

图 1   2015～2022 年我国公民科学素质水平与农民科学素质水平趋势

学的能力四维度的表现评价其科学素质水平。农民群体四维度得分分别比全国总体水平低 3.17 分、2.81 分、3.20 分、5.92 分，且科学知识部分题目的正确率分别比全国总体水平低 4.16 个百分点、5.80 个百分点、5.09 个百分点、4.51 个百分点、4.05 个百分点，差距较为明显。

农民在回答科学素质各维度问题时，其知识储备表现出较强的实用性导向。在回答与农业生产经营相关主题的题目时，农民群体的正确率均在56%以上，其中对于保障农作物安全等题目的正确率可达到83%左右，表现出较强的知识储备与较好的分析能力。但是，在回答与自身生活相关性较低的食品健康、设备使用原理等问题时，农民群体得分与全国总体水平差距达到 5.92 分，远高于其他维度题目与全国总体水平的差值，科学生活能力有待进一步提高。

（三）低学历、中青年农民在科学方法、科学精神与思想方面表现较好，但低年龄段农民素质水平显著低于同龄人群

依据第三次农业普查数据，农民群体中 36～54 岁人群占比 47.3%、初中及以下学历人群占比 85.4%[①]，低学历、中青年正成为占比较高的农民群

①   数据来源：http：//www.stats.gov.cn/sj/pcsj/nypc/202302/U020230223531273769774.pdf。

体，在一定程度上代表了我国当前劳动力市场上从事农业生产的人群现状。在这部分人群中，低学历（小学及以下、初中学历）农民群体在科学方法、科学精神与思想维度的得分均高于全国相应水平（见图2），小学及以下学历农民在生命与健康、工程与技术方面的答题正确率也高于全国相应水平（见图3），中青年群体在四维度得分与答题正确率上均与全国相应水平相近。

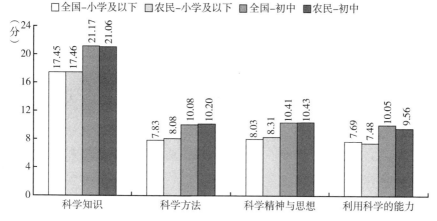

图2　低学历农民群体科学素质各维度得分情况

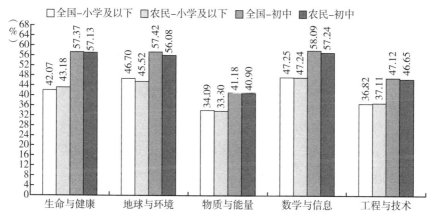

图3　低学历农民群体科学知识领域答题正确率情况

有研究预测，2035年农村劳动力可能出现年龄结构上"中间窄两头宽"的断层情况，30~44岁年龄段劳动力会面临数量缺失。[①] 这部分群体即当前18~29岁农民群体，将在2035年成为高素质农民队伍的生力军，同时面临着农业劳动力数量短缺与农业生产经营科学化、现代化高质量发展双重挑战。18~29岁农民的科学素质水平亟待提升。这部分人群在科学知识、科学方法、科学精神与思想、利用科学的能力方面得分均低于全国同年龄段人群（见图4），在科学知识部分生命与健康、地球与环境、物质与能量、数学与信息、工程与技术相关题目的正确率均明显低于全国相应水平（见图5），正确率差距在5~10个百分点，科学素质水平整体不高，无法在农村劳动力规模持续下降的情况下承担农业现代化转型的重任，不利于在"十四五"期间继续推进高质量农民队伍建设。

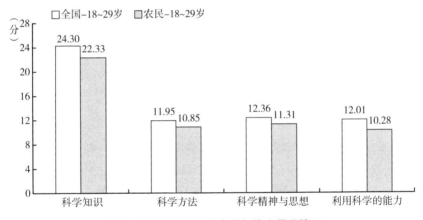

图4　低年龄农民科学素质各维度得分情况

（四）农民使用线上手段获取科技信息的兴趣较高，但线下使用科普设施的频率与意愿较低

"十四五"时期，我国农村科普基础设施不断完善，与农民和农业农村

[①] 胡雪萍、史倩倩、向华丽：《中国农村劳动力人口变动趋势研究》，《人口与经济》2023年第2期。

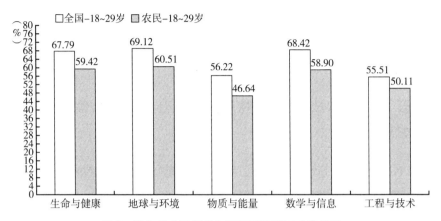

图5 低年龄农民科学知识领域答题正确率情况

相关的新媒体培训及科普资源不断增多，农民手机应用技能培训工作不断深入，现代农业科教信息服务体系逐渐形成。随着网络技术发展，互联网及移动互联网成为农民获取信息的主要渠道。2022年，有76.00%的农民通过互联网及移动互联网获取科技信息，其中有50.40%的农民使用互联网及移动互联网作为科技信息获取的首选渠道（见图6），相较2020年提高12.7个百分点。

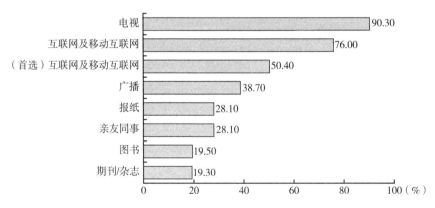

图6 农民获取科普信息的媒介使用情况

但是，农民对线下科普设施的使用情况不佳。调查显示，农民对参观科普场馆的意愿较弱，在过去一年中，动物园、水族馆、植物园与公共图书馆是农民参观科普场馆的首选及次选场所，比例均在40%以上。而农民参观科技馆等科技类场馆、流动科技馆、科普画廊和科普活动室等社区基础科普设施的比例均在30%以下，与领导干部和公务员、老年人、产业工人等重点人群的差异性较为明显。

（五）农民对科技议题的支持度较高，但自身对科技信息的感兴趣程度较低

农民群体对于科技研发等与科技发展相关的议题表现出积极、正向的情绪与态度，但在个人对科技信息的感兴趣程度上则表现相反。在对国家科技发展、科技伦理、决策参与等有关议题的态度上，农民表现出更强烈的支持与理解，对于参与科技决策的意愿也较为强烈（见图7）。但农民自身对科技信息的感兴趣程度仅为50.2%，低于全国平均水平0.7个百分点。在获取科技信息的原因中，农民更多的是为了满足家庭和工作的需要（54.1%），表现出较强的目标导向型信息获取需求。

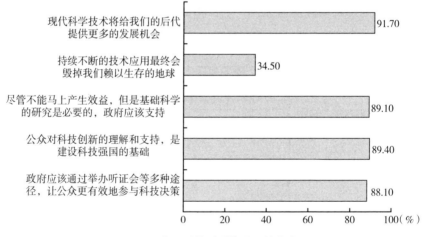

图7　农民群体对科技议题的态度

总体来看，我国农民科学素质水平具有增幅较大、增速较快的显著特点，表现出较好的发展态势。同时，农民群体科学素质也面临与全国总体水平差距拉大、劳动力后备力量科学素质水平较低、对科技信息感兴趣程度较低、知识与技能水平较低等问题，从侧面反映出当前农民科学素质建设在拓

宽农民视野、提升农民学习自主性等方面的不足。探究新时代下农民科学素质建设的思路，实现农民科学素质水平提升由"数"至"质"的转变，需要准确分析农民科学素质发展的影响因素，进而探索适应时代需求的农民科学素质发展路径与机制。

五　农民群体科学素质发展的影响因素及路径探究

新时代农民科学素质提升行动，需要提高农村科普工作的站位、提升农村科普活动及设施的效能，让农村科普从多个角度参与到乡村振兴中。在当前农民科学素质工作的良好基础上进一步依照农民群体现状与需求，对农村科普工作进行优化，需要打破科普边界，思考"科普+产业""科普+文化""科普+教育"等新方向，形成农村科普工作新格局。依据前文分析所得，笔者试图从"农村经济建设发展、科学文化氛围营造、科普设施建设发展"方面进行分析，探讨产业发展、人才培育、文化氛围营造对农民科学素质水平的影响。

（一）变量制备

本研究的因变量为农民群体的科学素质水平。其中，得分在 70 分及以上为"具备科学素质"，得分在 70 分以下为"不具备科学素质"。

本研究的自变量为农村经济建设发展变量、科学文化氛围营造变量、科普设施建设发展变量三类，试图从经济、文化、社会建设三方面探讨其对农民科学素质的影响作用。其中，农村经济建设发展变量使用第十二次中国公民科学素质抽样调查所采集的"收入"变量。科学文化氛围营造变量使用调查所采集的农民参与职业技能培训情况、学历情况。科普设施建设发展变量使用调查所采集的农民线下科普设施使用情况、线上媒介信息获取情况。

按照研究惯例，本报告将农民群体的性别、年龄、就业情况等人口学变量放入控制变量。

（二）结果情况

由于因变量为定类变量，本报告采用二元 logistic 回归分析法，分为 5 个模型对相关影响因素进行分析。其中，在模型 1 中仅放入控制变量，在模型 2~4 中分别放入 3 类自变量，在模型 5 中将自变量、控制变量全部纳入分析。通过表 1 可见，模型 1~5 的结构较为相似，显示出模型具有极高的稳定性，其中模型 5 的 AIC 值相较其他模型最小，表明加入控制变量、所有自变量的模型 5 情况最优。受篇幅限制，本报告将直接分析模型 5。

从农民群体的特征来看，性别、年龄均对其科学素质水平有显著影响，其中年龄与科学素质水平相关性为负，可见对于年龄偏大农民的科学素质教育仍有待加强。在就业情况上，是否就业对农民科学素质水平有显著影响，具有正相关性。可见保障农民拥有稳定职业、强化其与发展中社会的持续性接触，对于提升农民科学素质有一定帮助。

从农村经济建设发展情况上看，农民的收入水平对其科学素质水平有显著影响。拥有更高收入的农民，需要更高的知识水平与更多的技能储备，才能应对当前不断现代化、科技化发展的农业产业体系，获得收入的提升。

从科学文化氛围营造情况上看，农民个人受教育水平情况、接受职业技能培训情况均对科学素质水平有显著影响，可见无论是基础教育还是成人继续教育都对农民群体的个人能力提升、文化氛围营造具有重要作用。其中，个人受教育水平与农民科学素质的相关性显著高于职业技能培训情况，表明农民基础教育的重要性，同时也表明当前职业技能培训仍有一定提升和发展空间。调查显示，在过去一年中有 70.5% 的农民未参加过教育培训活动，有 87.6% 未参加过农民职业技能、科学素质等竞赛，有 86.0% 未参加过职业技能鉴定或认证活动，有 82.0% 未参加过科普日等学习宣传活动。

从科普设施建设发展情况上看，农民对线下科普设施使用情况、使用互

表 1 农民群体科学素质水平影响因素分析（节选）

变量	模型 4				模型 5			
	估计值	标准误差	Z 值	P 值	估计值	标准误差	Z 值	P 值
（Intercept）	-1.484767	0.050473	-29.417	<2e-16 ***	-2.669069	0.060757	-43.930	<2e-16 ***
性别（女=0）	0.349596	0.030845	11.334	<2e-16 ***	0.269789	0.032428	8.320	<2e-16 ***
年龄（18~29 岁=0）	-0.473958	0.013887	-34.131	<2e-16 ***	-0.239872	0.015509	-15.466	<2e-16 ***
职业（其他=0）	0.642083	0.029325	21.895	<2e-16 ***	0.194828	0.03369	5.783	7.34e-09 ***
收入（1 万元以下=0）					0.036499	0.00586	6.229	4.70e-10 ***
培训情况（未参加过=0）					0.041200	0.008641	4.768	1.86e-06 ***
学历（小学及以下=0）					0.583393	0.014900	39.154	<2e-16 ***
线下设施使用	-0.1088ε9	0.008388	-12.982	<2e-16 ***	-0.10548	0.008425	-12.52	<2e-16 ***
线上媒介使用	-0.015489	0.016718	-0.926	0.354	-0.0454480	0.017158	-2.649	0.00808 **
AIC	35012				33175			

注：** p<0.01，*** p<0.001。

联网获取科技信息情况均对科学素质水平有显著影响。但是，目前两类指标与农民科学素质水平的相关性均为负。在线下科普场馆的参观频率上，农民参观科技馆等科技类场馆、流动科技馆、科普画廊和科普活动室等社区基础科普设施的频率与科学素质水平负相关，这可能是当前基层科普设施产品或内容与农民生产生活适配性较低导致的，也可能是由于农民对于线下参观科普类设施获取信息的意愿不足。调查显示，农民在过去一年中仅有28.5%经常或多次参观自然历史博物馆，有28.3%参观过科普画廊、科普活动室等社区基础科普设施，有28.0%参观过科技馆等科技类场馆，参观意愿显著低于全国总体水平与其他重点人群。在使用互联网获取科技信息上，仅代入科普设施建设发展变量进入模型时（模型4），使用互联网获取科技信息的指标并未对农民科学素质水平产生显著影响，而将所有指标纳入模型时（模型5），则产生显著影响，相关性为负。这说明网络作为信息获取的媒介之一，本身并不具备提升农民科学素质水平的能力，但在大环境中可以作为快速获取信息的媒介，对农民科学素质的发展产生一定影响作用。而与农民科学素质水平相关性为负，可能是由于农民对于获取科技信息的搜索渠道、信息真伪的辨别性等技术仍有一定提升空间，较难只通过网络获取真实、可靠的科技信息。

（三）农民群体科学素质提升路径探究

从分析结果中可见，农民群体的科学素质发展受到经济建设、科学文化氛围、社会发展、个人情况等多种因素的影响，表现出鲜明特点：一是农民群体科学素质水平增速加快，但与全国总体水平差距拉大；二是农民在生产经营方面能力较强，但在文明生活等方面能力较弱；三是低年龄段农民科学素质水平有待提升，高素质农民后备力量稍显不足；四是相较线下科普设施，农民更愿意通过线上渠道获取科技信息；五是农民自身对科技信息的感兴趣程度较低；六是收入、受教育水平、接受职业技能培训情况等多重因素共同影响农民科学素质水平。

可见，农民科学素质提升在职业培训、基层科普阵地建设等方面存在短板，仍需在切实贴合农民个性化需求、提升其参与度和主动性等方面作出调整。进一步完善农民科学素质提升路径，需要从以下五方面进行调整。

一是强化政策引导与激励，通过政策引导激励农民参与农业科技培训和实践活动。同时，加大对农业科技教育资源的投入，优化农村科技教育服务网络，确保农民能够便捷地获取最新的农业科技知识和技术。

二是加强科技教育与培训，通过建设一批适应现代农业发展需求的科技教育基地和培训中心，提供涵盖种植、养殖、农产品加工、农村电商等多个领域的科技培训课程。利用现代信息技术手段，如在线教育平台、远程教学系统等，打破地域限制，让农民在家门口就能接受专家的指导和教学。同时，采用"理论+实践"的教学模式，鼓励农民将所学知识应用于实际生产中，通过亲身体验加深对科技的理解和应用。此外，还应建立长效跟踪机制，对参与培训的农民进行定期回访和技术指导，确保他们能够持续进步，不断提升科学素质水平。

三是深化科普宣传活动。要充分利用科普大篷车、流动科技馆等各种资源，深入农村地区开展形式多样的科普宣传活动，向广大农民普及科学知识，传播科学思想，提高科学认知和实践能力。同时，要注重发挥科技工作者的作用，引导其积极参与农村科普工作，为农民提供更加专业、实用的科技服务和指导。此外，还需要加大对农村科普工作的投入和支持力度，加强科普设施和网络建设，提高科普队伍的专业素养和工作能力。通过这些措施，进一步推动农村科普工作的深入开展，为提升农民科学素质、促进农村经济社会全面发展作出积极贡献。

四是加强资源整合与共享，要完善农业科技推广机制，充分发挥农业高校、农科院所及科技企业的引领作用，通过产学研合作，将先进科技成果转化为农民易于接受和应用的实用技术。通过组织科技下乡、专家讲座、现场指导等形式，将科技知识送到田间地头，让农民在实践中学习，在学习中成长。

五是推动机制创新与保障，要建立更加科学合理的农业科技人才评价体系，对在农业科技推广和应用中作出突出贡献的农民和科技人员给予表彰和奖励，进一步激发他们投身农业科技事业的热情和动力。

六　结论与建议

总体来看，在"十四五"攻坚阶段进一步提升农民群体科学素质水平，助力高素质农民人才队伍建设，需要从以下几点入手。

第一，加强农村科学文化体系建设，完善基层科普体制机制。基础教育对农民科学素质具有显著影响，也是提升农民群体科学文化水平最为有效、便捷的重要手段。应在基础教育中增加科学文化教育、理性思考精神等相关的课题与内容，丰富科技与科普类活动的形式与内容，培育学生养成科学思考、运用理性思维处理问题的能力，持续解决农村青年科学素质水平与全国同龄人有较大落差的问题，为高素质农民人才队伍的后备力量打好基础。

第二，充分利用"线上+线下"双平台资源，提升基层科普设施的利用率与效能。网络媒介、基层科普设施是农民群体获取科技信息的重要途径，应结合农民群体多样化、个性化需求，加大与农业农村现代化相关的科普产品供给力度、丰富科普信息供给途径，创新科普工作的呈现方式与体验形式、加大宣传教育力度，保障科普宣教平台线上线下双向推动，助力农民习得主动搜索与获取信息的技能，提高线上线下科普平台与媒介的利用效能。

第三，改善农民职业技能培训体系，提升技能培训传播度及普及度。《全民科学素质行动规划纲要（2021—2035 年）》要求，实施高素质农民培育计划，开展农民职业技能鉴定和技能等级认定、农村电商技能人才培训，举办面向农民的技能大赛、农民科学素质网络竞赛、乡土人才创新创业大赛等活动。当前，相关活动在实践中较少得到农民群体的认可，为农民群体提供的帮助也较为有限。应进一步加强农民职业培训体系与内容建设，提升农民参与相关活动的积极性、获得感，培育农民树立正确的价值观与理性思维方式，充分利用扎根基层的科技特派员等专家人才队伍，支持农业社会化服务组织、专业技术学（协）会开发更加适应农民需求的科普服务，以多元的主体共同带动农村科技服务的新生态、新体系，推动我国农业科技自立自强发展。

老年人科学素质发展现状及特点分析

黄乐乐　胡俊平　马崑翔　欧玄子　汤溥泓*

摘　要： 　老年人作为全民科学素质建设的重点人群，其科学素质长期处在低水平、低增长的状态，同时受性别、城乡、受教育程度、获取科技信息的渠道，以及对科学技术的兴趣、需求和态度等多重因素的共同影响。本报告基于第十二次中国公民科学素质抽样调查数据，描述了我国老年人科学素质发展的现状和特点，分析了我国不同地区、不同分类老年人的科学素质发展特征，认为老年人科学素质发展基础薄弱，不同科学素质水平老年人在受教育程度、性别、城乡分布上存在差异，对科学素质相关维度的掌握情况也有所差异，电视等传统媒体是老年人获取科技信息的主要渠道，老年人对科学技术的支持程度和对各类科普场馆的利用率均低于全体公民，充分的社会参与是提升老年人科学素质的重要因素。基于此，要重视老年人科学素质提升，聚焦其首要需求，重点提升健康素养和信息素养；加强老年人科学素质发展研究，适应老年人科学素质发展特点，继续普及科学知识和方法，突出科学精神引领；推动科普服务适老化转型，提高老年人科普服务能力。

关键词： 　老年人　科学素质　科普　科学教育

---

* 黄乐乐，中国科普研究所副研究员，研究方向为公民科学素质监测评估理论与实践等；胡俊平，中国科普研究所研究员，研究方向为数字素养评价、科普信息化、科技传播；马崑翔，中国科普研究所助理研究员，研究方向为公民科学素质监测评估理论与实践等；欧玄子，中国科普研究所博士后，研究方向为中国科普史、公民科普素质调查理论与实践等；汤溥泓，原中国科普研究所助理研究员，研究方向为公民科学素质理论与实践。

一 问题的提出

国家统计局发布的数据显示，2022 年末，我国 60 岁及以上人口达到 2.8 亿，占总人口的 19.8%[①]，我国已正式步入中度老龄化社会。党和国家高度重视人口老龄化问题，明确提出"实施积极应对人口老龄化国家战略"，在今后一个相当长的时期内，积极应对老龄化将是我们国家的一项重要战略。2021 年 6 月发布的《全民科学素质行动规划纲要（2021—2035 年）》（以下简称《科学素质纲要》），在《全民科学素质行动计划纲要（2006—2010—2020 年）》的四个重点人群[②]基础上新增老年人，提出"老年人科学素质提升行动"[③]，要以提升信息素养和健康素养为重点，提高老年人适应社会发展能力，增强获得感、幸福感、安全感，实现老有所乐、老有所学、老有所为。这一行动将老年人作为全民科学素质建设的重点人群之一，是切实提高老年人科学素质，提高老年群体社会适应能力，新形势下对积极应对人口老龄化战略要求的具体落实。

老年人作为一个特殊的群体，由于生理老化、社会角色改变、社会交往减少和心理功能弱化等因素，在各方面的表现逐渐退化，适应社会能力变弱，尤其在面对日新月异的科技发展变化时，更是显得手足无措。据第十二次中国公民科学素质抽样调查，2022 年我国老年人具备科学素质的比例为 4.42%，比我国公民具备科学素质的比例（12.93%）低 8.51 个百分点。科学素质是国民素质的重要组成，是社会文明进步的基础，对于老年人来说，是增强老年人社会适应能力需具备的基础素质。

[①] 《中华人民共和国 2022 年国民经济和社会发展统计公报》，http：//www. scio. gov. cn/xwfbh/xwbfbh/wqfbh/49421/49690/xgzc49696/Document/1738025/1738025. htm，2023 年 2 月 28 日。

[②] 《国务院关于印发全民科学素质行动计划纲要（2006—2010—2020 年）的通知》，http：//www. gov. cn/gongbao/content/2006/content_ 244978. htm，2006 年 2 月 6 日。

[③] 《国务院关于印发全民科学素质行动规划纲要（2021—2035 年）的通知》，http：//www. gov. cn/zhengce/content/2021-06/25/content_ 5620813. htm，2021 年 6 月 25 日。

了解老年人科学素质发展现状及特点，对于提升老年人科学素质，促进人的全面发展，强化全民科学素质薄弱环节，推动全民科学素质建设具有重要意义。

国际国内对科学素质的研究主要聚焦成人和青少年领域，对于老年人这一细分人群关注较少。美国学者米勒最早构造的科学素质影响因素模型为老年人的科学素质研究提供了间接的理论借鉴，其检验了年龄、性别、受教育程度、完成的大学科学课程数量和非正式学习等变量，指出年龄对公民科学素质有一定影响，老年人的科学素质略低于年轻人。[①] 这一模型逐渐在国内得到接受，开始了对科学素质影响因素的研究，但都暂时局限于单纯的年龄变量，未对老年人进行单独研究。2006 年，刘颂从战略层面指出老年人科学素质总体偏低是我国在推进积极老龄化方面的难点。[②] 然而，早期的研究主要体现为政策导向，更多地集中在科普层面，且存在一定断层。2016 年开始，研究热度逐渐提升，研究机构和学者较为分散，研究合力尚未形成，主要聚焦老年人健康与养老、科普资源建设、科普传播方式、科普现状的调查研究、老年人科学教育等。[③] 其中，王一鸣等就科普的角度，指出老年人科学素质较低，难以融入当代的信息社会，并且容易被伪宗教、迷信以及伪科学产品等欺骗和利用，迫切需要加强针对老年群体的科普工作，提高其科学素质。[④] 2021 年老年人被划为全民科学素质建设的重点人群之一，研究进入新的阶段。王丽慧对其进行解读，指出实施老年人科学素质提升行动，是补齐全民科学素质短板的必然要求[⑤]，针对老年人的科普工作应注重提高信息素养和健康素养，增强其适应社会发展的能力，实现科普资源普惠共

[①] Jon D. M., "Public Understanding of, and Attitudes toward, Scientific Research: What We Know and What We Need to Know," *Public Understanding of Science*, 2004（13）.

[②] 刘颂：《积极老龄化框架下老年社会参与的难点及对策》，《南京人口管理干部学院学报》2006 年第 4 期。

[③] 王大鹏、凡庆涛：《基于文献综述视角的我国老年科普研究现状》，《科技视界》2022 年第 34 期。

[④] 王一鸣、陈虎：《中国进入老龄化社会的科普问题及建议》，《中国发展》2016 年第 2 期。

[⑤] 王丽慧：《老年人科学素质提升行动的思考》，《科普研究》2021 年第 4 期。

享，开拓老年科技人力资源新动能。另外，马骁等和王晶也分别从老年科技大学和数字科普适老化等实践角度开展研究，以提升老年人科学素质。[1][2]

上述研究主要从实践需求角度提出要提升老年人科学素质，阐释提升老年人科学素质的重要性，在老年人科学素质现状及特点方面涉及较少。因此，本报告希望通过对我国老年人科学素质发展现状进行分析，找到老年人科学素质的发展特点和不足，并提出针对性的意见建议，为老年人科学素质提升提供数据支撑。基于此，本报告拟重点回答以下问题：老年人的科学素质水平如何？老年人的科学素质发展特点？老年人的科学素质发展与哪些因素相关？

二　数据来源

本报告基于第十二次中国公民科学素质抽样调查，该调查覆盖我国31个省（自治区、直辖市）和新疆生产建设兵团的18~69岁公民，回收有效样本28.3万个。其中，老年人（60~69岁）有效样本32304个，获得了我国老年人科学素质发展状况、老年人获取科技信息的渠道和参与科普的情况，对科学技术的兴趣、需求和态度等方面的翔实数据。

根据第七次全国人口普查数据，我国60~69岁人口约1.5亿。性别方面，男性占比约49.7%，女性占比约50.3%；城乡方面，城镇人口占比约55.6%，农村人口占比约44.4%；受教育程度方面，小学及以下学历占比约49.2%，初中学历占比约33.7%，高中学历占比约12.8%，大学专科学历占比约3.0%，大学本科及以上学历占比约1.3%。本次调查老年人（60~69岁）样本加权后，性别方面，男性占比约51.1%，女性占比约48.9%；城乡方面，城镇人口占比约53.3%，农村人口占比约46.7%；受教育程度方

① 马骁、任福君：《建设老年科技大学提升老年人科学素质的思考》，《今日科苑》2023年第1期。
② 王晶：《关于数字科普适老化的问题与建议》，《今日科苑》2023年第3期。

面，小学及以下学历占比约46.4%，初中学历占比约36.4%，高中学历占比约13.8%，大学专科学历占比约2.4%，大学本科及以上学历占比约1.0%。虽然分布有所差异，但总体结构基本一致，能够在总体水平上有一定代表性，但在使用部分结果时，也需充分考虑其局限性。

三　老年人科学素质发展现状

（一）老年人科学素质基础薄弱、增长缓慢，与全体公民的差距不断拉大

2022年，我国老年人具备科学素质的比例为4.42%，比2020年的3.52%增长0.90个百分点，比2015年的1.22%增长3.20个百分点，虽然2015~2022年增长近三倍，但仍发展缓慢。与全体公民相比，二者科学素质水平差距在2015年、2018年、2020年和2022年分别为4.98个、6.85个、7.04个和8.51个百分点，老年人和全体公民的差距进一步拉大（见图1）。

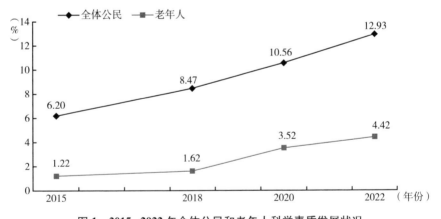

图1　2015~2022年全体公民和老年人科学素质发展状况

（二）不同地区老年人科学素质水平存在差异

东部地区老年人科学素质水平高于中、西部地区。2022年东部地区老

年人具备科学素质的比例为 5.9%，高于中部地区和西部地区老年人，且东部与中、西部地区的差距进一步扩大（见图 2）。

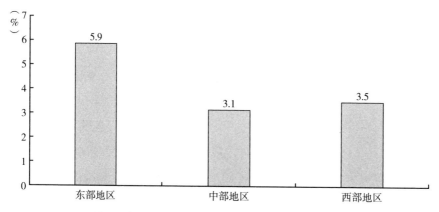

图2 东、中、西部地区老年人科学素质发展状况

从城乡来看，城镇老年人科学素质水平高于农村老年人。2022 年城镇老年人具备科学素质的比例为 5.9%，农村老年人具备科学素质的比例为 2.8%，城镇老年人的科学素质水平是农村老年人的两倍多（见图 3）。

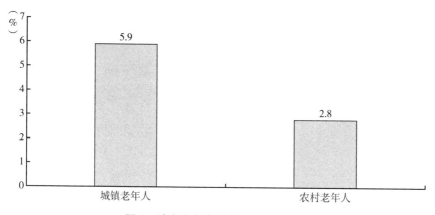

图3 城乡老年人科学素质发展状况

（三）不同分类老年人科学素质发展呈现不同的特征

老年男性公民科学素质水平高于老年女性公民（见图 4）。2022 年老年男性公民具备科学素质的比例为5.5%，较2020年（4.1%）增长1.4个百分点，老年女性公民具备科学素质的比例为3.3%，较2020年（2.6%）增长0.7个百分点（见图4）。

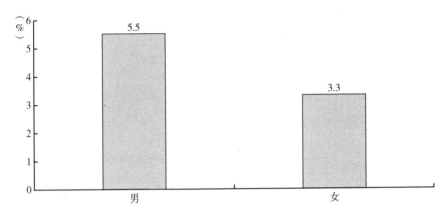

图4　不同性别老年人科学素质发展状况

老年人科学素质水平随受教育程度提高而阶梯骤升（见图5）。小学及以下、初中、高中（中专、技校）、大学专科、大学本科及以上文化程度的老年人具备科学素质的比例分别为2.4%、4.1%、7.7%、19.0%、32.4%。大学本科及以上学历老年人的科学素质水平在2022年大幅提升，较2020年的18.8%增长近一倍。

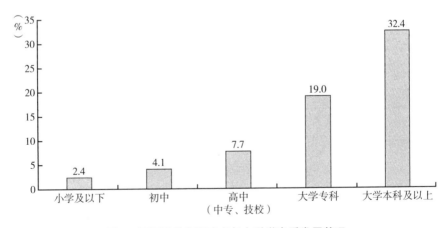

图5　不同受教育程度老年人科学素质发展状况

四　老年人的生理和社会特点影响其科学素质提升

（一）老年人科学素质发展基础薄弱

老年人由于生理老化、社会角色改变、社会交往减少和心理功能弱化等，在各方面的表现逐渐退化，并且从历史角度来看，老一代在科学教育、科学能力培养、科学意识等方面都较为缺乏，在科学相关方面表现较差，因此，老年人的科学素质长期处在低水平、低增长的状态。与其他年龄段相比，2022年老年人科学素质水平为4.42%，低于18~29岁、30~39岁、40~49岁和50~59岁年龄段的科学素质水平（24.26%、16.77%、11.61%和7.36%），老年人科学素质发展基础薄弱。老年人的科学素质提升存在基础差、难度大的特点。

（二）不同科学素质水平老年人在受教育程度、性别、城乡分布上存在差异

在具备与不具备科学素质的老年群体中，受教育程度、性别和城乡分布均有所差异。在受教育程度方面，具备科学素质老年人的受教育程度高于不具备科学素质老年人。不具备科学素质的老年人中83.9%是初中及以下学历，13.3%是高中（中专、技校）学历，2.7%是大学专科及以上学历，而具备科学素质的老年人中58.5%是初中及以下学历，23.8%是高中（中专、技校）学历，17.7%是大学专科及以上学历。在性别、城乡方面，不具备科学素质的老年人占比分别为男性50.5%、女性49.5%，城镇52.5%、农村47.5%，而具备科学素质的老年人中男性、城镇居民比例远高于女性、农村居民，分别为男性63.8%、女性36.2%、城镇71.0%、农村29.0%。我国的老龄化发展存在老年人整体受教育水平偏低、女性多于男性、地区失衡、农村老龄化水平高于城镇等问题，面临在受教育程度、性别、城乡方面的不同挑战，重视女性、农村、低

受教育程度老年人的科学素质提升问题，能较大限度地改善我国老年人科学素质发展现状。

（三）不同科学素质水平老年人对科学素质相关维度的掌握情况有所差异

老年人由于身体机能下降，对事物的认识和理解往往停留在较浅表的层面，学习、记忆和逻辑等能力逐渐减退，因此在科学素质各方面的表现均无差别的弱化。从老年人的答题情况来说，不具备科学素质的老年人在科学知识、科学方法、科学精神与思想、应用科学的能力四方面表现相当。2022年调查显示，不具备科学素质的老年人在科学知识、科学方法、科学精神与思想、应用科学的能力方面得分分别为 18.40 分、8.35 分、8.43 分和 8.38 分（总分分别为 40 分、20 分、20 分、20 分），差异较小，均低于老年人和全体公民的相应得分。

具备科学素质的老年人在科学知识、科学方法、科学精神与思想、应用科学的能力方面得分分别为 31.61 分、14.54 分、13.63 分、14.08 分，高于全体公民（21.83 分、10.46 分、10.78 分、10.46 分），在科学知识和科学方法方面，高于具备科学素质的全体公民（30.86 分、14.51 分），在科学精神与思想、应用科学的能力方面，低于具备科学素质的全体公民（15.01 分、14.59 分）（见图6）。可见，具备科学素质的老年人在科学知识和科学方法方面表现更优。

科学精神与思想、应用科学的能力属于更深层次的问题，需要从表层到深层的转化，要求更高，因此对于老年人科学素质的提升，需要适应老年人科学素质发展特点，抓住科学知识和科学方法提升更易显现效果的特点，带动老年人科学素质整体提升。

另外，老年人的健康素养和信息素养表现未充分体现《科学素质纲要》实施效果。《科学素质纲要》指出，老年人科学素质提升行动要以提升信息素养和健康素养为重点。健康素养和信息素养与老年人生活最为密切，老年人普遍更关注健康话题，而科学素质不高、信息分辨能力较低等让他们更容

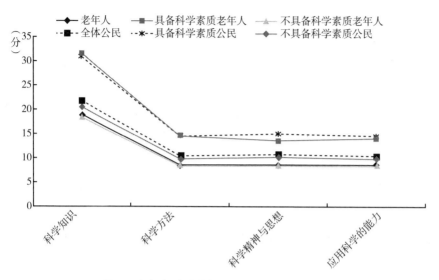

图6 老年人对科学素质相关维度的掌握情况

易被迷信、虚假信息以及伪科学产品宣传欺骗和利用。2022年调查显示，在数学与信息题目方面，老年人的正确率为51.46%，比全体公民的正确率（60.66%）低9.20个百分点；在生命与健康题目方面，老年人的正确率为46.88%，比全体公民的正确率（59.39%）低12.51个百分点。与其余三类题目（地球与环境、物质与能量、工程与技术）相比，老年人和全体公民在数学与信息、生命与健康两类题目中的正确率差距最大。

（四）电视等传统媒体是老年人获取科技信息的主要渠道，获取科技信息偏被动

互联网等新媒体具备传统媒体所没有的优势，内容丰富、形式新颖、载体多样、精准传播，但正因为这些特点，使得新媒体使用需要比传统媒体使用更具主动性和技术性。老年人由于生理原因等，被动接收仍然是其获取信息的主要特点，因此，在科技信息获取方面，电视、广播等传统媒体就具有天然的优势，第四次中国城乡老年人生活状况抽样调查结果显示，88.9%的老年人经常看电视或听广播，20.9%的老年人经常读书或看报，仅有5.0%

的老年人经常上网。而在获取科技信息方面，存在同样的趋势和状况。但电视等传统媒体在获取科技信息方面存在弊端，如内容较少、形式单调、深度较浅、目标受众模糊、缺少吸引力等，一定程度上限制了老年人科技信息获取效果。

2022年调查显示，电视等传统媒体是老年人获取科技信息的主要渠道，通过互联网及移动互联网获取科技信息的比例逐渐上升。通过电视、广播、报纸和亲友同事等传统媒体获取科技信息的老年人比例分别为91.8%、50.5%、40.6%和32.3%，比全体公民相应渠道（87.6%、33.2%、26.9%和27.8%）分别提高4.2个、17.3个、13.7个和4.5个百分点。从首选渠道来说，老年人首选电视作为获取科技信息渠道的比例为59.4%，高于全体公民（31.0%）28.4个百分点。2022年老年人通过互联网及移动互联网获取科技信息的比例为49.6%，比2020年（41.6%）提高8.0个百分点（见图7）。

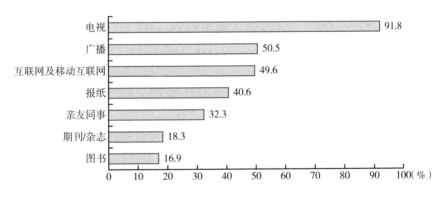

图7　老年人获取科技信息的渠道

不具备科学素质的老年人使用传统媒体的比例更高，使用网络渠道的比例更低。不具备科学素质的老年人通过电视、广播和亲友同事等传统媒体获取科技信息的比例分别为91.9%、50.9%和32.7%，高于具备科学素质的老年人相应渠道的比例（89.9%、41.5%和23.7%）。从首选渠道来说，不具备科学素质的老年人首选电视作为获取科技信息渠道的比例为59.9%，高于具备科学素质的老年人（48.8%）11.1 个百分点。不具备科学素质的老年人通过互联网及移动互联网获取科技信息的比例为 49.0%，低于具备科学素质老年人的比例（62.5%）。

（五）对科学技术的兴趣、需求和态度是影响老年人科学素质提升的思想动力

激发老年人对科学技术的兴趣和支持，宣传科学世界观，将社会主义核心价值观融入老年人生活和宣传教育活动中，营造良好的社会氛围，鼓励老年人以积极的态度面对晚年生活，追求自我完善，提高主观幸福感，是有效提升老年人科学素质的重要途径。老年人对科学技术的兴趣、需求和支持是其主动了解、主动运用、主动参与科技的态度基础。

不具备科学素质的老年人、具备科学素质的老年人和全体公民在对科学技术的兴趣、需求和态度方面有所差异。2022 年调查显示，不具备科学素质的老年人对科技信息感兴趣程度低于全体公民和具备科学素质的老年人。不具备科学素质的老年人对科技信息感兴趣的比例为 51.1%，其中，了解科技信息的原因选择"对特定科技主题感兴趣"的比例为 27.2%。而具备科学素质的老年人对科技信息感兴趣的比例为 68.4%，其中，了解科技信息的原因选择"对特定科技主题感兴趣"的比例为 38.1%。

在态度方面，不具备科学素质的老年人对科学技术的支持程度低于全体公民和具备科学素质的老年人。不具备科学素质的老年人赞成"现代科学技术将给我们的后代提供更多的发展机会"的比例为 89.6%，赞成"尽管不能马上产生效益，但是基础科学的研究是必要的，政府应该支持"的比例为 85.9%，赞成"公众对科技创新的理解和支持，是建设科技强国的基础"的比例为 86.5%，赞成"政府应该通过举办听证会等多种途径，让公众更有效地参与科技决策"的比例为 85.1%，均低于全体公民和具备科学素质老年人的赞成比例。

（六）老年人对各类科普场馆的利用率较低，缺乏科普有效渠道

科普基础设施是科学技术普及工作的重要载体，是为公众提供科普服务的重要平台，增加公民接受科普的机会和途径，满足不同人群提升科学素质的需求，是科普场馆建设的主要目的。目前，在科普基础设施和资源建设方面，适合老年人的科普场所、资源有限，对老年人吸引力不足，同时资源的数字化程度低，缺少资源供给、使用和共享平台。调查显示（见图8），在过去一年中，老年人经常或多次参观各类科普场馆的比例：动物园、水族馆、植物园（34.9%），文化馆、文化中心（29.5%），公共图书馆（27.7%），科普画廊、科普活动室等社区基础科普设施（25.3%），自然历史博物馆（23.6%），科技馆等科技类场馆（23.1%），流动科技场馆（12.3%），高校、科研院所实验室（3.6%），均低于全体公民的相应比例。以上结果表明需要面向老年人，继续加强基层科普设施建设适老化改造，增强科普内容针对性，提高科普服务能力。

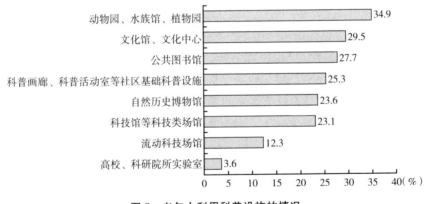

图8　老年人利用科普设施的情况

（七）充分的社会参与是提升老年人科学素质的重要因素

《"十四五"国家老龄事业发展和养老服务体系规划》鼓励老年人继续发挥作用。要加强老年人就业服务，促进老年人社会参与，在全社会倡导积

极老龄观。[①] 社会参与是老年人融入社会的重要渠道，随着人口老龄化程度的加深，老年人继续接受教育、参与社会的意愿也更加强烈，从而为老年人科学素质提升带来需求和动力。2022 年调查显示，有工作的老年人具备科学素质的比例为 5.0%，而无工作的老年人（目前没有工作、待业，家庭主妇/主夫且没有工作，离退休人员，无工作能力）具备科学素质的比例为 4.4%，其中目前没有工作、待业，家庭主妇/主夫且没有工作，无工作能力的老年人具备科学素质的比例分别为 2.4%、2.2%、2.9%。

同时，面向老年人的科普教育资源存在供给不足、城乡配置不均衡等问题，老年人参与科普活动的比例较低，未形成长效参与机制，缺乏相关活动的参与和了解途径，制约了老年人科学素质建设。2022 年调查显示（见图 9），在过去一年中，老年人参加过"健康大讲堂、健康宣传周等活动"的比例为 26.6%，在参加过的老年人中仅有 24.6% 经常参加或参加过多次，未参加过该类活动的老年人中有 44.1% 选择"不知道活动的具体信息"和"家附近没有"；老年人参加过"智能手机等设备的培训活动"的比例为 8.0%，在参加过的老年人中仅有 21.1% 经常参加或参加过多次，未参加过该类活动的老年人中有 45.5% 选择"不知道活动的具体信息"和"家附近

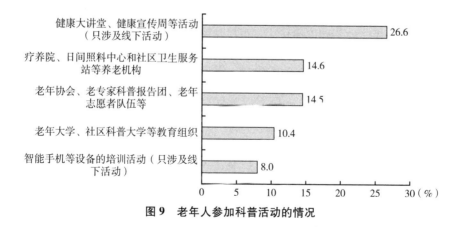

图 9 老年人参加科普活动的情况

没有"；参加过"老年大学、社区科普大学等教育组织"的比例为10.4%，接受过"疗养院、日间照料中心和社区卫生服务站等养老机构"服务的比例为14.6%，接受过"老年协会、老专家科普报告团、老年志愿者队伍等"指导或帮助的比例为14.5%。另外，具备科学素质的老年人参加以上活动或组织的比例均高于不具备科学素质的老年人。

五　结论与建议

中国的老龄化进程加速，给经济社会发展带来挑战，根据第七次全国人口普查数据，我国各省份60岁及以上老年人占比均超过10%，10个省份超过20%。在各地老年人口比重上升、劳动力占比下降的形势下，我国各地老年人科学素质水平均较低，几乎都在5%以下，不能充分支撑老年人口发展，有效应对老龄化及其困境。从调查中可以看到，老年人的科学素质长期处在低水平、低增长的状态，同时受性别、城乡、受教育程度、获取科技信息的渠道，以及对科学技术的兴趣、需求和态度等多重因素的共同影响。老年人作为全民科学素质建设的重点人群，是全民科学素质建设服务我国人口老龄化工作的重要举措，提高老年人科学素质水平，发挥其在积极应对人口老龄化中的战略性基础支撑作用，可以从以下几点入手。

（一）聚焦老年人的首要需求，重点提升健康素养和信息素养

提升老年人科学素质，要充分考虑老年人的首要需求，满足老年人适应社会的需求，实现人的全面发展。

健康是老年人最迫切的需求，要注重健康素养，提升生活质量。充分考虑老年人的年龄和身体问题，直面最本质最迫切的需求，增加老年人健康知识，提升老年人科学健康生活能力。利用现有健康教育系统和网络，向老年人提供优质的健康教育服务，采取多种形式传播健康知识，开展老年健康讲座、老年科普活动等，编撰老年健康知识读本。

同时，要注重信息素养，打破数字鸿沟。实施智慧助老，聚焦老年人运

用手机和电脑等现代智能技术、融入现代社会便利生活的需求和困难，推动科技服务适老化改造，保障老年群体用网安全；依托老年大学、老年科技大学、社区科普大学、养老服务机构等，普及智能技术知识和技能，帮助老年人跟上时代发展，提升获取、识别、运用信息的意识和能力。

（二）适应老年人科学素质发展特点，继续普及科学知识和方法，突出科学精神引领

对于老年人的科学素质提升行动，目前仍维持在满足基本要求层面，以提高整体数量和速度为目标。在全方面提升科学知识、科学方法、科学精神与思想、应用科学的能力四方面的基础上，适应老年人科学素质发展特点，抓住科学知识和科学方法提升更易显现效果的特点，带动老年人科学素质整体提升，同时突出科学精神的引领作用。

首先，以提升科学知识和科学方法为抓手，带动老年人科学素质整体快速提升。加强老年人科学知识相关研究，组织专业团队编制老年知识读本，向老年人提供通俗实用、贴合生活、权威科学的健康知识。采取各种形式实现知识的有效普及，使老年人能够轻松掌握实用的科学知识，提高对知识和方法的甄别能力。

其次，突出科学精神引领，激发老年人对科学技术的兴趣和支持。弘扬科学精神和科学家精神，传递科学的思想观念和行为方式，依托各类体验宣传、展览培训和适合老年人的科技活动等，带领老人以亲身体验的方式感受科技的魅力，激发老年人对科技的兴趣和好奇，帮助老年人适应现代科学生活。

（三）推动科普服务适老化转型，提高老年人科普服务能力

深化老年人科普供给侧改革，需要着力扬优势、补短板，推动老年人科普服务的适老化转型，提升服务质量。

一是健全基层科普服务体系，开发适老化科普产品和活动。加强科技馆、博物馆等平台的科普服务功能，提高科普画廊、科普活动室等社区基础

科普设施的覆盖率。发挥品牌科普活动牵引力，加大优质科普资源下沉力度，开发打造老年科普活动，形成品牌效益，实现长效机制。

二是探索老年人获取科技信息的渠道方式，充分运用电视等传统媒体，推进互联网等新媒体的适老化行动。开发优质科普资源，推进电视、广播、图书、报纸等传统媒体与新媒体深度融合，促进优质科普内容的精准传播。推进数字技术适老化改造，降低老年人使用门槛，帮助老年群体更好地融入互联网。

三是实施银龄科普行动。积极开发老年人力资源，尤其是低龄老年人力资源，将其纳入老年协会和老科协等组织，充分发挥他们在经验、技能和影响力方面的优势，发挥余热。同时，可组建老年志愿者队伍、老专家科普报告团等，让银龄科普资源进社区、进学校、进农村。

领导干部和公务员科学素质发展状况与特征分析

任磊 曹金 唐德龙 冯婷婷 杨建松*

摘 要： 《关于新时代进一步加强科学技术普及工作的意见》和《全民科学素质行动规划纲要（2021—2035 年）》对领导干部和公务员科学素质提出明确要求，面对新时期领导干部和公务员科学素质发展的形势要求及存在的主要问题，对第十二次中国公民科学素质抽样调查领导干部和公务员数据开展专题分析，研究发现：领导干部和公务员科学素质水平在各类人群中处于领先地位，提升速度快，呈现"水平高、增速快"的发展特征；在科学知识、科学方法、科学精神与思想、应用科学的能力等方面，呈现"整体突出、全面均衡"的发展特征。同时，存在领导干部科学素质与勇担历史重任的能力要求尚有差距，城乡和区域科学素质水平差异明显，明显不平衡等问题。通过上述分析并结合领导干部和公务员科学素质发展的目标要求，提出领导干部和公务员科学素质建设提质增效的相关建议，以领导干部和公务员科学素质高质量发展，有力推动全民科学素质持续提升。

关键词： 领导干部和公务员 科学素质 教育培训

当今世界百年未有之大变局加速演进，国际环境的不稳定性不确定性明

---

* 任磊，中国科普研究所副研究员，研究方向为公民科学素质监测评估理论和实践等；曹金，中国科普研究所助理研究员，研究方向为科学素质、数字素养与技能监测评估；唐德龙，中国科普研究所博士后，研究方向为科学普及、产业创新管理、数字素养评价；冯婷婷，中国科普研究所科研助理，研究方向为公民科学素质监测评估理论与实践等；杨建松，中国科普研究所助理研究员，研究方向为科学素质监测评估。

显增加，科技创新日益成为国际战略博弈的主要战场，围绕科技制高点的竞争空前激烈。面对新时代新征程，党的二十大报告强调："全面建设社会主义现代化国家，必须有一支政治过硬、适应新时代要求、具备领导现代化建设能力的干部队伍。"[1] 这一论述，是党着眼新形势新任务对干部队伍建设提出的根本要求。

习近平总书记在二十届中共中央政治局第三次集体学习时强调，各级领导干部要学习科技知识、发扬科学精神，主动靠前为科技工作者排忧解难、松绑减负、加油鼓劲，把党中央关于科技创新的一系列战略部署落到实处。[2] 领导干部和公务员作为治国理政的主体，直接参与国家各项事务，推动国家政策制度的决策部署、推进实施、监督执行及统筹管理等。[3] 领导干部作为党和国家事业发展的"关键少数"，其素质水平直接决定我们党的创造力、凝聚力和战斗力，决定着党的执政能力和领导水平。大力加强领导干部科学素质建设，推动领导干部科学素质持续提升，是铸就一支堪当民族复兴重任的高素质干部队伍的基础性、战略性人才工程，关乎国家前途、民族命运。[4]

一　发展目标与主要问题

（一）时代内涵与发展要求

《关于新时代进一步加强科学技术普及工作的意见》提出[5]，强化对领

① 习近平：《高举中国特色社会主义伟大旗帜 为全面建设社会主义现代化国家而团结奋斗——在中国共产党第二十次全国代表大会上的报告》，人民出版社，2022。
② 《习近平主持中共中央政治局第三次集体学习并发表重要讲话》，http：//www.gov.cn/xinwen/2023-02/22/content_ 5742718.htm，2023年2月22日。
③ 《领导干部报告个人有关事项规定》指出，领导干部主要指各级机关、人民团体、事业单位、中央企业、国有企业中的县处级副职以上的干部（含非领导职务干部）。《中华人民共和国公务员法》指出，公务员是指依法履行公职，纳入国家行政编制，由国家财政负担工资福利的工作人员。
④ 孟庆海：《新时代如何提升领导干部科学素质》，《中国党政干部论坛》2023年第3期。
⑤ 《中共中央办公厅 国务院办公厅印发〈关于新时代进一步加强科学技术普及工作的意见〉》，https：//www.most.gov.cn/xxgk/xinxifenlei/fdzdgknr/fgzc/gfxwj/gfxwj2022/202209/t20220905182273.html，2022年9月5日。

导干部和公务员的科普。在干部教育培训中增加科普内容比重，突出科学精神、科学思想培育，加强前沿科技知识和全球科技发展趋势学习，提高领导干部和公务员科学履职能力。《全民科学素质行动规划纲要（2021—2035年）》（以下简称《科学素质纲要》）指出①，公民具备科学素质是指崇尚科学精神，树立科学思想，掌握基本科学方法，了解必要科技知识，并具有应用其分析判断事物和解决实际问题的能力。对于领导干部和公务员群体，需要进一步强化对科教兴国、创新驱动发展等战略的认识，提高科学决策能力，树立科学执政理念，增强推进国家治理体系和治理能力现代化的本领，更好服务党和国家事业发展。这表明领导干部和公务员科学素质内涵与我们党对领导干部的素质要求是一脉相承的、共通的，科学素质是领导干部综合素质的重要组成和基础性支撑，对于综合素质的提升具有重要意义。

从领导干部科学素质的构成维度来看，科学知识是基本要素，是与自身工作相关的基本科学知识；科学方法是实践手段，是认识世界、改造世界的思维方法和工作方法；科学思维是内在要求②，是领导干部破解难题的"看家本领"，是推动新时代国家治理体系和治理能力现代化的思想武器；科学精神和思想是核心内涵，是正确认识和反映外在世界的看法和态度，是理性思考、科学判断的能力③，以及勇于担当的责任和使命。科学素质的各个维度分别为领导干部的综合素质提升提供了不同程度的重要支撑。

科学素质是树立正确世界观和方法论的重要基础，领导干部只有具备相应的科学素质，才能深刻把握习近平新时代中国特色社会主义思想的世界观和方法论，坚持好、运用好贯穿其中的立场观点方法，武装头脑、指导实践、推动工作。科学素质是提高政治三力的重要保障。领导干部只有具备相应的科学素质，才能深刻理解党中央对"两个大局"的重大战略判断，才

---

① 《国务院关于印发全民科学素质行动规划纲要（2021—2035年）的通知》，http：//www.gov. cn/zhengce/content/2021-06/25/content_ 5620813. htm，2021 年 6 月 25 日。

② 张玉卓：《喜迎二十大、奋进新征程 凝心聚力推动高水平科技自立自强》，《人民论坛》2022 年第 16 期。

③ 孔祥利、徐乐：《新时代领导干部决策能力提升：现实约束与路径选择——基于认知-价值-制度的视角》，《天津行政学院学报》2019 年第 5 期。

能深刻理解党的基本理论、基本路线、基本方略的理论逻辑、历史逻辑、实践逻辑，才能提高贯彻中央决策部署的自觉性、坚定性、创造性。科学素质是提高履职能力的重要支撑，领导干部只有具备相应的科学素质，才能有效提高政治能力、调查研究能力、科学决策能力、改革攻坚能力、应急处突能力、群众工作能力、抓落实能力[①]，不断增强工作的科学性、预见性、主动性和创造性。

（二）主要问题

领导干部和公务员科学素质提升行动取得显著成绩的同时，也存在一些问题和不足。主要表现为：领导干部科学素质与复杂严峻形势任务的能力要求尚有差距[②]，总体水平仍有提升空间；城乡、区域、年龄之间发展不平衡；科学精神弘扬不够，科学理性的工作作风与氛围仍有待加强；部分领导干部对科普工作的重要性认识不足[③]，针对领导干部人群特点和工作需要的科普制度安排有待进一步规范成熟，组织领导、条件保障等有待进一步加强。面对新时期领导干部和公务员科学素质发展的形势要求和主要问题，系统分析领导干部和公务员科学素质的发展状况和结构特征，对持续推动领导干部和公务员科学素质高质量发展具有重要的理论和实践价值。

二 研究设计

本次调查按照《科学素质纲要》提出的领导干部和公务员科学素质发展要求，对科学知识、科学方法、科学精神与思想、应用科学的能力四个维度进行测评，并开发了反映领导干部和公务员人群特征的情境题，有机融入科学素质测试问卷中。受访者答题时，通过后台判定人群属性并跳转至相应

---

① 《习近平在中央党校（国家行政学院）中青年干部培训班开班式上发表重要讲话》，http://www.gov.cn/xinwen/2022-03/01/content_5676282.htm，2022年3月1日。
② 张广科：《地方公务员能力框架与能力建设研究》，社会科学文献出版社，2017。
③ 李红林：《领导干部和公务员科学素质提升的挑战与对策》，《科普研究》2021年第4期。

情境题，领导干部和公务员情境题编制以科学决策能力为核心，通过典型的多因素决策情境，测量该人群在多个场景下不同维度、不同程度的表现，综合评价领导干部和公务员科学素质水平及发展特征，从而有效提高测评效度。

本次调查共回收有效问卷 28.3 万份，其中领导干部和公务员有效问卷 18618 份，样本分布情况为：按性别划分，男性 14059 份，女性 4559 份；按年龄划分，35 岁及以下 4348 份、36～45 岁 5612 份、46～59 岁 8658 份；按区域划分，东、中、西部地区分别为 5949 份、4637 份和 8032 份。总体来看，作为全国总体调查的子样本，领导干部和公务员样本数量较大且结构较为均匀，调查结果代表性较强。由于领导干部和公务员并非本次调查的直接目标人群，该群体细分结果仍存在一定局限性，其调查数据仅作为研究使用。

三　主要结果

（一）领导干部和公务员科学素质呈现"水平高、增速快"的发展特征

调查结果显示，2022 年我国领导干部和公务员群体具备科学素质的比例达到 32.05%，相较 2020 年的 23.76% 提高 8.29 个百分点，比 2010 年的 8.59% 提高 23.46 个百分点（见图 1）。2010～2022 年年均提高 1.96 个百分点，与我国公民科学素质整体发展相比，领导干部和公务员科学素质提升速度更快。

2022 年领导干部和公务员科学素质在各类人群科学素质发展中处于领先地位，大幅高于全国总体水平（12.93%），比产业工人科学素质水平（19.99%）高出 12.06 个百分点，比农民（6.67%）和老年人（4.42%）群体分别高出 25.38 个和 27.63 个百分点（见图 2）。总的来看，领导干部和公务员科学素质呈现"水平高、增速快"的发展特征。

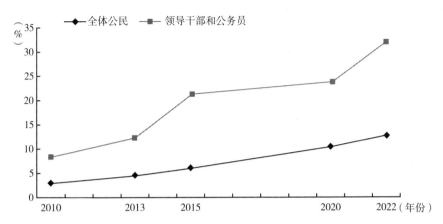

图1 2010～2022年全体公民与领导干部和公务员科学素质发展趋势

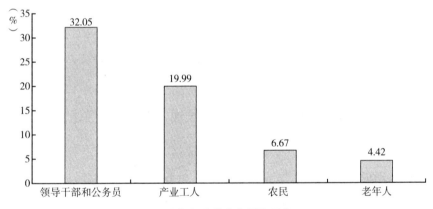

图2 重点人群科学素质发展状况

（二）分人群情况

1.性别情况

本次调查显示，男性领导干部和公务员的科学素质水平略高于女性。2022年男性领导干部和公务员具备科学素质的比例为33.3%，女性具备的比例为30.1%。

2. 年龄情况

参考领导干部招录和职级晋升的年龄要求①，将年龄划分为35岁及以下、36~45岁和46~59岁三段。本次调查显示，我国中青年领导干部和公务员群体的科学素质水平较高，且科学素质水平随年龄增长呈依次递减趋势。35岁及以下年龄段领导干部和公务员具备科学素质的比例为39.4%，36~45岁年龄段具备科学素质的比例为31.6%，46~59岁年龄段具备科学素质的比例为25.6%（见图3）。

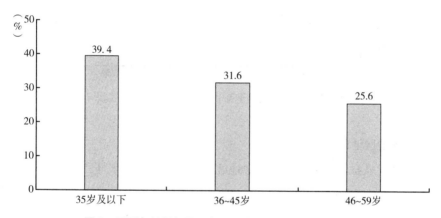

图3　不同年龄段领导干部和公务员科学素质发展状况

3. 受教育程度情况

本次调查显示，大学专科及以下学历的领导干部和公务员具备科学素质的比例为16.6%，大幅高于全国同类人群的9.7%；大学本科及以上学历的领导干部和公务员具备科学素质的比例达到42.9%，高于全国同类人群的41.3%。

（三）分地区情况

1. 城乡情况

从城乡来看，城镇领导干部和公务员的科学素质水平明显高于农村。城

---

① 王春生：《公务员任职年龄梯度制度分析》，《江汉论坛》1998年第7期。

镇领导干部和公务员具备科学素质的比例为33.0%，乡村领导干部和公务员具备科学素质的比例为23.4%（见图4）。

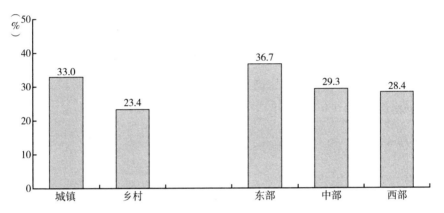

图4　城乡和地区领导干部和公务员科学素质发展状况

2. 各地区情况

从区域来看，东部地区、中部地区、西部地区领导干部和公务员科学素质水平分别为36.7%、29.3%、28.4%，东部地区领导干部和公务员科学素质水平大幅领先于中部和西部地区，分别高出7.4个和8.3个百分点。中部和西部地区领导干部和公务员科学素质水平相差不大。

（四）对科学技术的兴趣和态度

1. 对科技信息的感兴趣程度

从重点人群分类来看，领导干部和公务员对科技信息的感兴趣程度最高，达到69.6%；其次是产业工人，对科技信息的感兴趣程度为58.4%；老年人和农民群体相对较低，对科技信息的感兴趣程度分别为51.8%和50.2%。

2. 对科学技术的看法和态度

与全体公民相比，领导干部和公务员群体对科学技术的看法更加理性成熟，其中赞成"现代科学技术将给我们的后代提供更多的发展机会"的领导干部和公务员比例为97.1%，高于全体公民的91.8%；赞成"尽管不能马上产生效益，但是基础科学的研究是必要的，政府应该支持"的领导干部和公务员比例为96.8%，高于全体公民的90.1%；赞成"公众对科技创新的理解和支持，是建设科技强国的基础"的领导干部和公务员比例为96.9%，高于全体公民的91.0%；赞成"政府应该通过举办听证会等多种途径，让公众更有效地参与科技决策"的领导干部和公务员比例为92.4%，高于全体公民的87.7%；而赞成"持续不断的技术应用最终会毁掉我们赖以生存的地球"的领导干部和公务员比例为29.4%，低于全体公民的33.8%（见图5）。

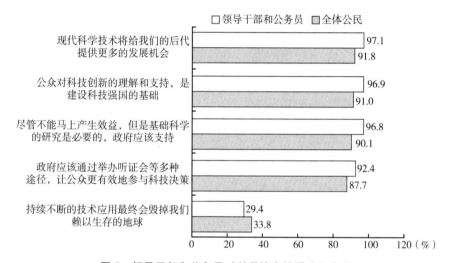

图5　领导干部和公务员对科学技术的看法和态度

（五）获取科技信息和参与教育培训情况

电视和互联网及移动互联网是我国公民获取科技信息的主要渠道，本次调查显示，通过电视、互联网及移动互联网获取科技信息的公民比例分别为87.6%和77.9%，领导干部和公务员比例分别为77.1%和90.8%，领导干部和公务员群体更倾向于利用信息化手段来获取科技信息（见图6）。此外，领导干部和公务员群体将互联网及移动互联网作为首选的比例为74.2%，明显高于首选电视的比例（13.3%）。

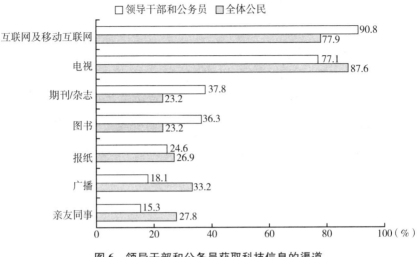

图6　领导干部和公务员获取科技信息的渠道

本次调查显示，领导干部和公务员群体在过去一年中参加过"与科技相关的教育培训"的比例为 36.1%，认为有用的比例为 87.4%；参加过"与科学履职或科学发展有关的专题讲座"的比例为 31.6%，认为有用的比例为 88.3%；参加过"与科技相关的学习、考察、展览等活动"的比例为 41.0%，认为有用的比例为 81.0%。

四　特征分析

（一）领导干部和公务员科学素质水平处于引领地位，对新知识新技能的掌握情况较好

从重点人群分类来看，领导干部和公务员在各类人群科学素质发展中处于引领地位，具备科学素质的比例达到 32.05%，大幅高于全国总体水平（12.93%）。为进一步发挥领导干部在提升公民科学素质全局工作中引领者和推动者的关键作用奠定坚实基础。

《2018—2022 年全国干部教育培训规划》将新知识新技能纳入干部教育

培训的重要内容①，进一步增强领导干部对科技发展趋势的把握能力。本次调查显示，领导干部和公务员对科技信息的感兴趣程度最高，达到 69.6%，大幅高于全体公民的 50.9%。更倾向于利用信息化手段来获取科技信息，利用互联网及移动互联网获取科技信息的比例达到 90.8%。对于以互联网、大数据、云计算、人工智能等为代表的新知识题目回答正确率达到 65.4%，大幅高于全体公民的 49.8%。领导干部和公务员对于新知识新技能的良好掌握，为新形势新任务下持续提升领导干部科学素质水平，为打造堪当民族复兴重任的干部队伍夯实根基提供了充分保障。

（二）领导干部和公务员科学素质呈现整体突出、全面均衡的发展特征

为探索不同重点人群科学素质发展特征，从科学知识、科学方法、科学精神与思想、应用科学的能力等四个维度，对领导干部和公务员科学素质构成维度得分进行分析。

从各重点人群得分情况看，其科学素质在不同方面呈现不同的发展特征。领导干部和公务员群体科学素质平均得分最高（63.6 分），其在科学精神与思想方面表现突出，体现科学履职能力水平进一步提高。从各维度得分情况来看，领导干部和公务员群体四个维度得分均大幅高于其他人群，尤其在科学精神与思想（65.5 分）和科学知识（64.0 分）方面表现突出，应用科学的能力（62.5 分）、科学方法（62.0 分）得分较高（见图 7）。领导干部和公务员科学素质呈现整体突出、全面均衡的发展特征。

（三）城乡和区域不平衡是制约领导干部和公务员科学素质高质量发展的短板

领导干部和公务员科学素质水平城乡差异明显，城镇领导干部和公务员

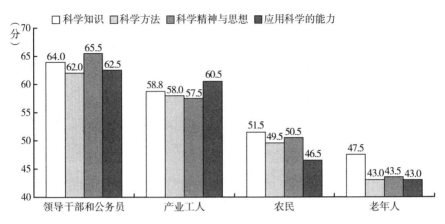

图7 重点人群科学素质组成指标的发展特征

具备科学素质的比例比农村高出9.6个百分点。区域差异也很明显，东部地区领导干部和公务员科学素质水平大幅高于中部和西部地区，分别高出7.4个和8.3个百分点。其中，西部地区中青年（35岁及以下）领导干部和公务员具备科学素质比例为31.3%，大幅低于东部和中部地区同类人群的42.0%和40.6%（见图8）。西部地区中青年领导干部和公务员科学素质水平相对较低的情况，将进一步制约领导干部和公务员科学素质的高质量可持续发展，需重点关注。

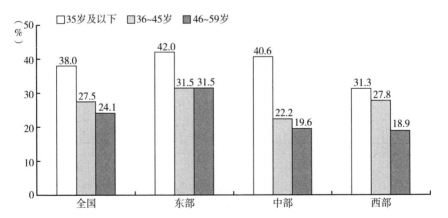

图8 领导干部和公务员科学素质区域发展比较

（四）教育培训和专题讲座对领导干部和公务员科学素质提升发挥重要作用

中共中央印发《2013—2017年全国干部教育培训规划》《2018—2022年全国干部教育培训规划》，大力推进领导干部科学素质行动。各地各部门的干部教育培训部署中已逐步纳入领导干部科学素质提升相关内容，为领导干部科学素质建设提供了制度性保障。中共中央实施修订《干部教育培训工作条例》，在每年全国干部教育培训工作要点中明确要求加强科学素质培训①，进一步明确了科学人文素养教育在领导干部教育培训中的重要性。

《2023年全民科学素质行动工作要点》提出②，在中央党校（国家行政学院）等国家级干部教育培训机构举办的各类专题培训班中，突出科学知识的学习，依托公务员对口培训计划开展有关专题培训和基层干部科学素质教育培训。

本次调查通过对领导干部和公务员参与教育培训、专题讲座以及学习、考察、展览等三大类项目的比较发现，参与率从高到低依次为学习、考察、展览，教育培训，专题讲座，参加比例分别为41.0%、36.1%和31.6%。从效果评价来看，认为对工作"非常有用"和"比较有用"的依次为专题讲座，教育培训，学习、考察、展览等，比例分别为88.3%、87.4%和81.0%（见图9）。以上分析表明，教育培训和专题讲座在促进领导干部和公务员群体科学素质提升发挥了相对重要的作用。

五　对策建议

面对新形势新任务，为持续提升领导干部和公务员科学素质水平，打造

---

① 《中共中央印发〈干部教育培训工作条例〉》，http：//www.gov.cn/xinwen/2015-10/18/content_ 2948961. htm，2015年10月18日。

② 《关于印发〈2023年全民科学素质行动工作要点〉的通知》，https：//www.bast.net.cn/art/2023/3/26/art_ 31488_ 11848. html，2023年3月26日。

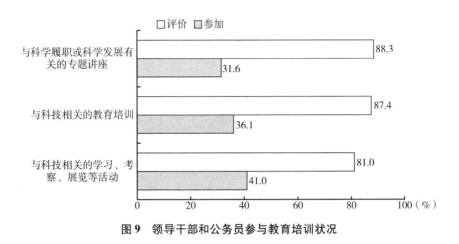

图9　领导干部和公务员参与教育培训状况

堪当民族复兴重任的干部队伍夯实根基，应从以下几个方面推动科学素质建设提质增效。

（一）突出科学精神、科学思想培育，不断提高科学履职水平

深入学习贯彻习近平新时代中国特色社会主义思想的世界观和方法论，尤其是习近平总书记关于科学素质和科普工作的重要论述，强化对科学素质建设重要性和紧迫性的认识。深入贯彻落实新发展理念。切实找准将新发展理念转化为实践的切入点、结合点和着力点，提高领导干部和公务员科学履职水平，强化对科学素质建设重要性和紧迫性的认识。从思想认识层面坚定领导、推动和服务创新发展的理念，全面贯彻"三新一高"要求、扎实推进高质量发展，加快推动实现科技高水平自立自强，促进科技创新与科学普及共同推动、共同发展。

着力加强科学家精神宣传和科学精神培育。科学家精神作为中国共产党精神谱系的重要组成部分，新时代更需要继承发扬以国家民族命运为己任的爱国主义精神，更需要继续发扬以爱国主义为底色的科学家精神。大力宣传弘扬新时代科学家精神，进一步加强领导干部科学精神的培育，增强理性思考、科学判断的能力，引导领导干部树立正确的价值导向，提升领导干部的

执政水平，保证和推动国家方针、政策的科学贯彻，推动各项战略任务落到实处。

（二）全面提高对科技发展趋势的把握能力和科技治理能力

领导干部必须从事关中华民族伟大复兴的战略高度提升自身科学素质，廓清科技强国建设的大方向、大战略，提高对科技发展趋势的把握能力和科技治理能力。深刻认识科技创新在我国现代化建设全局中的核心地位，密切跟踪世界科技前沿最新发展态势，加强对基础研究和原始性创新的重要性认识。深刻理解实现高水平科技自立自强的空前迫切性和重大意义，努力掌握战略主动，把习近平总书记关于科技创新的重要论述全面落实在深化科技体制改革的全过程。同时，提高科技治理能力①，加快推动科技创新，优化科技创新生态，促进科技成果转化应用，提升创新链供应链保障能力，完善科研攻关机制，防范化解科技重大风险，努力实现科技创新高质量发展和高水平安全良性互动的能力。

（三）进一步加强新知识新技能学习，有效提升数字化发展能力

领导干部要牢牢抓住科技创新这个关键变量，加强对新科学知识的学习，关注全球科技发展趋势，不断提升科学素质，增强科学执政、推动高质量发展的能力。围绕国家战略，系统开展科技前沿专题学习，充分认识和把握科技发展规律，有力推动创新发展实践，开创领导干部和公务员科学素质提升新局面。

着力提高领导干部数字素养②，其作为数字时代科学素质的重要体现，是数字化时代领导干部提升治理能力和履职能力，推动经济社会高质量发展的内在要求。要把增强互联网思维能力，提高信息化应用能力，提升数字化发展能力等关键要素作为领导干部科普的重点工作来抓，充分整合数字政

---

① 赵志耘、李芳：《新时代中国特色科技治理理论蕴含》，《中国软科学》2023年第3期。
② 胡俊平、曹金、李红林等：《全民数字素养与技能评价指标体系构建研究》，《科普研究》2022年第6期。

府、数字经济、数字社会等领域线上培训资源，面向全国各级党校（行政学院）系统业务需求，提供相关课程和资源，构建完备的领导干部数字素养培训体系。

（四）进一步加强领导干部和公务员的科学素质考核评价工作

科学素质作为领导干部和公务员综合素质中的重要一项，已经成为影响领导干部决策能力和治理水平的关键因素。本次调查显示，仅有20.5%的领导干部和公务员参加过有关科学素质的考核评价，表明当前的科学素质考核评价状况与制度要求存在不相匹配的问题。应进一步加强领导干部和公务员的科学素质考核评价工作，从战略高度认识和把握领导干部科学素质建设，认真贯彻落实《干部教育培训工作条例》《公务员培训规定》，进一步丰富领导干部任职前后培训课程的科技内容。把科学素质作为公务员选拔、考核的重要指标。[1] 近年来，科学素质作为重点内容，已被逐步纳入中央和地方领导干部培训体系和考核录用体系，有力促进了领导干部和公务员科学素质的持续提升。

领导干部和公务员作为党和国家事业发展的"关键少数"，应在全民科学素质提升行动中积极发挥引领者、推动者作用。领导干部和公务员要坚持走在前、作表率，深入掌握当代科技前沿知识和基本观念，积极拓展科技资讯获取渠道，完善相关政策引领。在持续提升自身科学素质的同时，强化社会动员能力，积极鼓励广大科技工作者参与到科学素质与科学普及建设工作中，有力推动全民科学素质持续提升。

---

① 王挺：《夯实中华民族伟大复兴的科学根基——全面落实〈科学素质纲要（2021—2035年）〉的思考》，《科普研究》2021年第4期。

图书在版编目（CIP）数据

中国公民科学素质报告. 第五辑／任磊，黄乐乐，
胡俊平主编. -- 北京：社会科学文献出版社，2025.5.
ISBN 978-7-5228-4964-5

Ⅰ. G322

中国国家版本馆 CIP 数据核字第 2025RC0264 号

中国公民科学素质报告（第五辑）

主　　编／任　磊　黄乐乐　胡俊平

出 版 人／冀祥德
责任编辑／张　媛
责任印制／岳　阳

出　　版／社会科学文献出版社·皮书分社（010）59367127
　　　　　　地址：北京市北三环中路甲 29 号院华龙大厦　邮编：100029
　　　　　　网址：www.ssap.com.cn
发　　行／社会科学文献出版社（010）59367028
印　　装／三河市尚艺印装有限公司

规　　格／开 本：787mm×1092mm　1/16
　　　　　　印 张：14.75　字 数：225 千字
版　　次／2025 年 5 月第 1 版　2025 年 5 月第 1 次印刷
书　　号／ISBN 978-7-5228-4964-5
定　　价／128.00 元

读者服务电话：4008918866